Insulin zum Leben

Doz. Dr. med. Ruth Menzel

Insulin zum Leben

MEDICUS
Verlag Gesundheit

Im Verlag Gesundheit sind weitere Patientenratgeber erschienen, u.a.:
Schultz/Stark, Asthma bronchiale
Lauber, Chronische Bronchitis
Tüttenberg, Neurodermitis
Matzen, Das künstliche Hüftgelenk

Fragen Sie Ihren Buchhändler nach der Medicus-Reihe.

Die Deutsche Bibliothek – CIP-Einheitsaufnahme

Menzel, Ruth:
Insulin zum Leben / Ruth Menzel ;
Berlin : Verl. Gesundheit, 1997
(Medicus)
ISBN 3-333-01006-2

Verlag Gesundheit
3., überarbeitete Auflage

Umschlaggestaltung: Klaus Meyer
Abbildungen (außer 11, 13, 19, 22) sowie Tabelle 8: Gitti Adam
Satz: R. Benens & Co., Berlin
Druck und Verarbeitung: Clausen & Bosse, Leck

Printed in Germany 1997

ISBN 3-333-01006-2

Gedruckt auf alterungsbeständigem Papier
mit chlorfrei gebleichtem Zellstoff

Inhaltsverzeichnis

Vorwort

Die Broschüre wendet sich an die von einem insulinpflichtigen Diabetes Betroffenen. Das sind vor allem die Erkrankten selbst und auch ihre Angehörigen und Freunde, denn alle Lebensbereiche werden von der Erkrankung berührt. Die jetzige Auflage des Buches bedurfte einer gründlichen Überarbeitung, nicht zuletzt wegen der bedeutsamen Entwicklung von Kenntnissen über den Diabetes und seine Behandlung, aber auch wegen sozialer und gesundheitspolitischer Veränderungen, die das Leben chronisch Kranker berühren. Kritische Hinweise, für die ich dankbar bin, haben mich zum Nachdenken angeregt. Viele habe ich in der nun vorliegenden dritten Auflage berücksichtigt.

»Insulin zum Leben« soll kein Schulungsbuch sein und kann Schulungen des Diabetikers niemals ersetzen. Es ist zum Nachlesen und Nachschlagen gedacht. Es soll dem Betroffenen, seinen Angehörigen und Freunden, vielleicht auch medizinischem Personal *helfen, den Alltag mit dem Diabetes selbständig besser zu meistern.* Das positive Echo bestärkte mich: Eine derartige Hilfe wird von vielen gewünscht und ist heute zunehmend gefragt.

Bedanken möchte ich mich bei Frau Gertraud Hall und Frau Gitti Adam. Sie haben zum Gelingen aller drei Auflagen des Buches entscheidend beigetragen.

Ruth Menzel

Einführung

Insulin ist lebensnotwendig

Insulin reguliert alle Energie- und Aufbauprozesse der Körperzellen.

Fehlt dem Körper Insulin, dann ist sein Ersatz notwendig, sonst besteht Lebensgefahr.

Der Ersatz von Insulin kann nicht mit Tabletten erfolgen, denn Insulin würde, wie andere Eiweiße, z. B. Fleisch, im Magen und Darm verdaut werden. Insulin muß deshalb täglich gespritzt werden.

Mehr als 6 Millionen Menschen spritzen Insulin

An der »Zuckerkrankheit« (Diabetes mellitus) leiden etwa 4% der Einwohner in Industrieländern. Etwa jeder fünfte von ihnen benötigt Insulin. Alle Lebensalter und Bevölkerungsschichten können betroffen sein. Arbeiter, Angestellte und Wissenschaftler, auch bekannte Künstler und Politiker meistern anspruchsvolle Aufgaben und ein niveauvolles Leben, trotz eines insulinpflichtigen Diabetes. Doch für eine derartige Bewältigung der Erkrankung sind Willen und Wissen notwendig.

Kein Diabetiker kann seine Erkrankung mit der eines anderen gleichsetzen. Bei dem einen kann die tägliche Diabetesführung relativ einfach und stabil sein, während der andere ständig mit Schwankungen der Blutzuckerkonzentration zu kämpfen hat. Aber auch die weitere Entwicklung kann sehr unterschiedlich sein. Viele erfreuen sich selbst nach über 40jähriger Insulinbehandlung noch einer guten Gesundheit, während andere, trotz gleich guter Behandlung, nach kürzerer Zeit von schweren Folgeschäden betroffen sein können.

Doch trotz dieser – vermutlich anlagebedingten – Unterschiede der Erkrankung wurde durch umfangreiche Forschungen bewiesen, daß bei einer guten Stoffwechselführung die Folgekrankheiten nahezu vermieden oder entscheidend hinausgezögert werden können.

Das Schicksal hängt von der Qualität der Behandlung ab

Zahlreiche internationale Forschungsgruppen beschäftigen sich intensiv mit dem Diabetes mellitus. Damit wächst auch für den Erkrankten die Chance, daß sein Leben in Zukunft wie das eines gleichaltrigen Nichtdiabetikers verlaufen kann. So haben Entwicklungen, wie Selbstkontrolle, moderne Spritztechnik und Insulinpumpen, in den letzten 10 Jahren die Behandlung des Diabetes entscheidend verbessert und erleichtert.

Die Behandlung des insulinpflichtigen Diabetes liegt weitgehend in der Hand des Betroffenen.

Die Güte der Behandlung hängt natürlich sehr wesentlich von den Fachkenntnissen des behandelnden Arztes und seiner Mitarbeiter ab. Die Kontakte zwischen Betroffenen und dem Behandlungsteam können sich jedoch nur auf wenige Stunden im Jahr beschränken.

365 Tage im Jahr – Diabetesbehandlung durch den Betroffenen selbst

Der Diabetiker muß die tägliche Umsetzung der ärztlichen Empfehlung und ihre bewußte Anpassung an die komplizierten Bedingungen des praktischen Lebens allein schaffen. Nicht umsonst wird der Begriff Patient in diesem Buch kaum verwandt. Patient heißt »der Duldende«. Ein Diabetiker soll sich jedoch bewußt aktiv verhalten und selbständig eine gute Stoffwechselführung erreichen. Das schließt nicht aus, daß er sein ganzes Leben lang immer wieder aufs neue viel Geduld und Tapferkeit zur täglichen Bewältigung der Krankheit benötigt!

- Qualität und Exaktheit der täglichen Insulinbehandlung bestimmen die Lebensqualität und die Zukunft des Diabetikers.

- Der Erfolg der Selbstführung wird um so größer sein, je besser er Bescheid weiß.

Was heißt Diabetes mellitus?

Zuckerkrankheit

Diabetes mellitus ist die medizinische Fachbezeichnung für Zuckerkrankheit.

Diabetes (griechisch): Durchfluß
mellitus (lateinisch): honigsüß

Die Bezeichnung kam vor Jahrhunderten auf. Im übertragenen Sinn bedeutet sie »honigsüße Harnflut«. Das auffallendste Merkmal dieser zum Siechtum führenden Erkrankung war der süßschmeckende und insektenanlockende Urin (Harn), der in großen Mengen ausgeschieden wurde. Erst später stellte man fest, daß dieser Urin Zucker enthält, daß der Blutzucker dabei erhöht ist und daß der Zucker in der Nahrung die Erkrankung beeinflußt. Daraus wurde die Bezeichnung »Zuckerkrankheit« abgeleitet. Der Begriff hat sich bis heute gehalten, obwohl wir längst wissen, daß es sich vielmehr um eine umfassende Stoffwechselstörung handelt, bei der nicht nur die Verwertung des Zuckers gestört ist.

Zuckerkrankheit – nicht nur der Zuckerstoffwechsel ist gestört

Es gibt noch andere Erkrankungen, die mit einer Harnflut (Diabetes) einhergehen. Sie haben aber mit dem Diabetes mellitus nichts gemeinsam und sind relativ selten. Es hat sich international eingebürgert, die abgekürzte Bezeichnung »Diabetes« nur auf die Stoffwechselerkrankung zu beziehen. Das trifft auch für die abgeleiteten Begriffe zu, z. B. Diabetiker, Diabetologie (Lehre von der Zuckerkrankheit) usw.

Der Stoffwechsel des Nichtdiabetikers

Nahrung

Jeder Organismus braucht zum Leben Energie und Bausubstanzen. Er erhält sie durch die Nahrung. Die Nahrungsmittel enthalten die *drei Grundnährstoffe* (Tab. 1):

- Kohlenhydrate,
- Eiweiße,
- Fette.

Außerdem werden mit der Nahrung Salze, Spurenelemente, Vitamine, Wasser und Ballaststoffe zugeführt.

Verdauung

Die Nahrung wird in Glucose, Aminosäuren und Fettsäuren gespalten

Die Nahrung wird im Verdauungstrakt (*Mundhöhle, Magen, Darm*) zerlegt und durch Verdauungssäfte aufgeschlossen. Die Grundnährstoffe werden dabei in ihre Bausteine, das sind z.B. Traubenzucker (Glucose), Aminosäuren und Fettsäuren, aufgespalten (Tab. 1). Die Darmwand nimmt die Bausteine auf und transportiert sie in das Blut (Resorption). Von dort gelangen sie in die Körperzellen. Unverwertbare Rückstände (Ballaststoffe) werden, mit Galle und anderen Sekreten vermischt, als Kot ausgeschieden.

Stoffwechsel

In den *Körperzellen* werden die Nahrungsbausteine zur Energiegewinnung oder als Baumaterial zur Produktion von Körperstoffen verwertet (= Stoffwechsel).

- Energie wird benötigt für die Funktion jeder Körperzelle und für die körperliche und geistige Arbeit des Menschen.
- Energie muß gespeichert werden, damit in Fastenzeiten, z.B. in der Nacht, die Zellen mit Energie versorgt werden können. So wird die Glucose in der Leber und in der

Tabelle 1: **Die Grundnährstoffe**

Grundnährstoffe	Bausteine	Funktion	Nahrungsmittel-beispiele
Kohlenhydrate	Einfachzucker: Traubenzucker = Glucose Fruchtzucker = Fructose	Energieträger Energiespeicher	Rohrzucker Getreideprodukte Kartoffeln Obst
Eiweiße	Aminosäuren	Bausubstanz für Zellen und für Funktionsstoffe (Hormone, Enzyme, Abwehrstoffe)	Fleisch Milch Eier Hülsenfrüchte
Fette	Fettsäuren und Glycerin	Energiequelle Energiespeicher Energieträger	Butter, Fleisch Öl, Fleischwaren Speck, Käse

Muskulatur als Glycogen gespeichert, übermäßige Glucose wird zu Fett umgebaut.

- Baumaterial ist u.a. für das Wachstum, für die Erneuerung der Zellen, für die Heilung von Wunden, für die Bildung von Abwehrstoffen und von Hormonen notwendig.

Glucose – die wichtigste Energiequelle für den Menschen

Der Traubenzucker ist für den Organismus die wichtigste und am schnellsten nutzbare Energiequelle. Bildlich ausgedrückt, entspricht die Glucose dem sofort brennbaren trockenen Holz, mit dem ein Feuer im Ofen angezündet wird und gleich Wärme entsteht. Einige lebenswichtige Organe, wie z.B. das Gehirn, sind auf die Glucose als Energiequelle angewiesen. Fehlt Glucose, z.B. bei schwerer Unterzuckerung, dann kann es zur Schädigung der Hirnzellen kommen.

Blut – das wichtigste Transportsystem im Organismus

Es transportiert die Bausteine der Grundnährstoffe und die Funktionsstoffe zu den Milliarden Zellen des Organismus. Nach einer Nahrungsaufnahme wird Glucose vom Darm zu den Körperzellen zur Verwertung transportiert. Im Hunger-

Im Blut – Transport

zustand und bei Muskelarbeit werden der Zelle aus den Speichern Glucose und Fettsäuren geliefert. Die Konzentration beträgt beim Gesunden etwa 1 g Glucose pro Liter Blut (Normalwerte s. Tab. 4).

Jeder Mensch hat Glucose im Blut!

Die Wirkung des Insulins

Insulin senkt – Glucagon erhöht den Blutzucker

Die Energiegewinnung und der Aufbau von Körpersubstanzen erfolgt in den Zellen. Diese Stoffwechselprozesse werden von biologisch aktiven Substanzen, von *Hormonen*, gesteuert. **Insulin** ist das wichtigste Stoffwechselhormon. Es wird in der Bauchspeicheldrüse gebildet (Abb. 1). Insulin öffnet die Zellen für die Einschleusung von Glucose und Aminosäuren (s. Abb. 2). Jede Körperzelle hat auf ihrer Oberfläche Insulinrezeptoren (Rezeptor = Bindungsort für biologisch aktive Substanzen), die wie Schlösser funktionieren, zu denen das Insulin als Schlüssel paßt. Sobald Insulin am Rezeptor gebunden wird, öffnet sich die Zelle für den Eintritt von Glucose (u.a.). Demzufolge nimmt die Konzentration der Glucose im Blut ab.

Ohne Insulin gelangt Glucose nicht in die Zellen, Gegenregulationshormone stellen Glucose aus Speichern bereit

Außerdem fördert Insulin in der Zelle den Umsatz der Glucose zu Energie, den Aufbau von Glycogen (der Speicherform der Glucose), Fett und Eiweiß. Es hemmt dagegen den Abbau dieser Körpersubstanzen. *Erst durch Insulin kann der Organismus aus der Nahrung seinen Nutzen ziehen. Aber auch im Nüchternzustand wird Insulin benötigt,* denn die Körperzellen arbeiten unablässig. Selbst im Schlaf müssen sie Glucose und andere Energieträger aufnehmen. Im Hungerzustand greift der Körper auf die eigenen Reserven zurück. Er hat Glucose als Glycogen in der Leber und in der Muskulatur gespeichert. Eine weitere große Energiereserve stellt das Fettgewebe dar. Außerdem kann die Leber im Notzustand Zucker aus Körpereiweiß bilden.

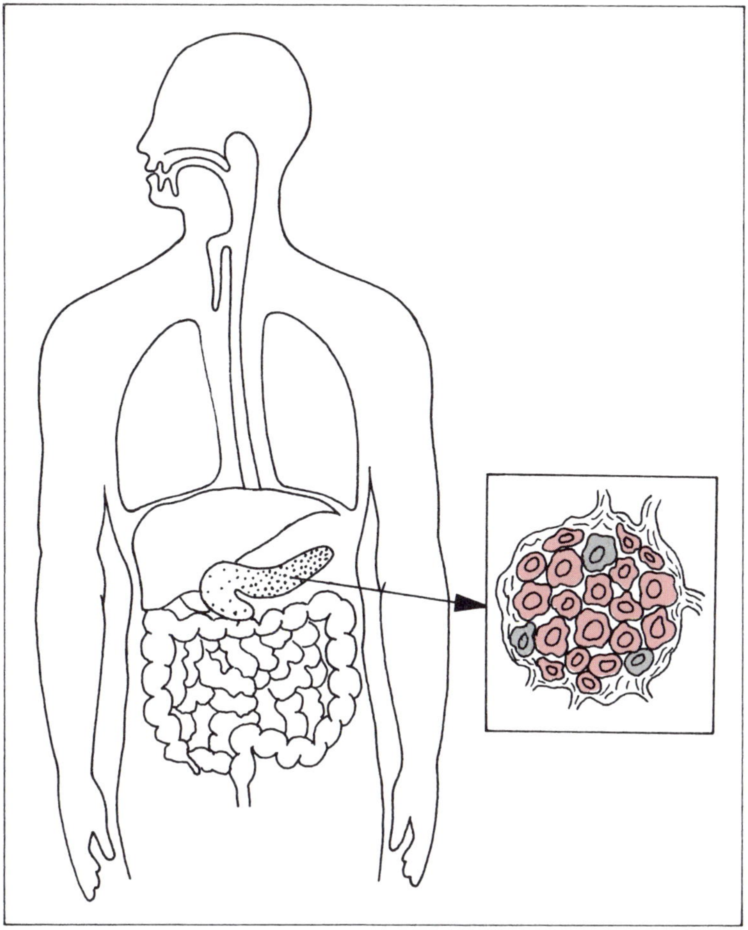

Abb. 1: Die Bauchspeicheldrüse mit einer Langerhansschen Insel B-Zellen (rot) produzieren Insulin, A-Zellen (grau) produzieren Glucagon, ein dem Insulin entgegenwirkendes Hormon (Gegenregulationshormon)

Als Signale für die Bereitstellung von Energieträgern aus den körpereigenen Speichern werden die Gegenspieler des Insulins (Gegenregulationshormone) wirksam. So kommt es bei niedrigem Blutzucker durch eine verstärkte Ausschüttung der **Gegenregulationshormone,** z.B. Glucagon (aus der Bauchspeicheldrüse), Adrenalin (aus der Nebenniere) und anderer Hormone, zu einer Erhöhung des Blutzuckers. Insulin bremst die Wirkung der Gegenregulationshormone und sorgt dafür, daß die Speicher nur soviel Glucose liefern, wie benötigt wird.

Glucagon und Adrenalin – die wichtigsten Gegenregulationshormone

- **Insulin senkt den Blutzucker,** weil es Glucose in die Zellen schleust und die Energiegewinnung aus Glucose und den Aufbau von Glycogen, Fett und Eiweiß ermöglicht.

Außerdem hemmt es die Entleerung der Glucosespeicher und die Neubildung von Glucose.

- **Gegenregulationshormone erhöhen den Blutzucker,** weil sie die Speicher entleeren und die Glucosebildung aus Eiweiß anregen.

Insulin und Gegenregulationshormone regulieren den Blutzucker auf den Normalwert

Im gesunden Organismus sorgt das Zusammenspiel dieser Hormone dafür, daß immer, sowohl bei Nahrungsüberfluß als auch bei starker Arbeitsleistung und in Hungerzeiten, alle Zellen mit Energie versorgt werden und der Blutzucker konstant bleibt.

Merkmale des insulinpflichtigen Diabetes

Beim Diabetes fehlt Insulin, oder es ist nicht ausreichend wirksam. Somit fehlt der Schlüssel, bzw. er paßt nicht, um die Zellen für den Eintritt von Glucose zu öffnen.

Mangel an Insulin = Ursache des Diabetes

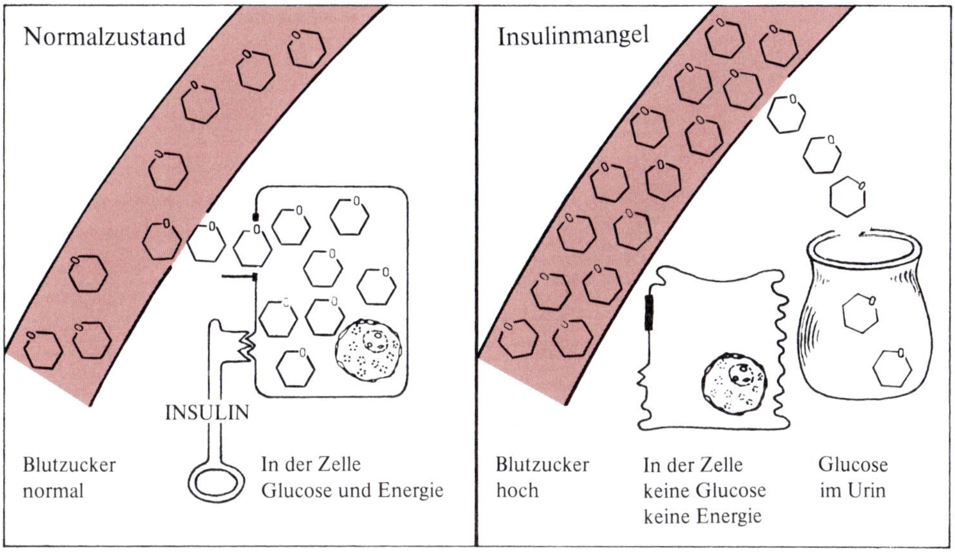

Abb. 2: **Stoffwechsel**  **= Glucose**

Beim Gesunden
Insulin öffnet die Körperzellen für die Glucose

- Die Körperzellen sind voller Energie und leistungsfähig
- Die Konzentration des Blutzuckers ist normal
- Der Urin ist zuckerfrei

Beim nichtbehandelten Diabetiker
Insulin fehlt, oder es wirkt nicht.
Glucose kann nicht in die Körperzellen. Sie staut sich im Transportraum (d.h. im Blut)

- Die Körperzellen sind schlapp, energiearm und nicht leistungsfähig
- Die Konzentration des Blutzuckers ist erhöht
- Zucker tritt aus dem Blut in den Urin über

Die Folgen des Insulinmangels sind (Abb. 2):

- Stau der Glucose im Transportraum,
- Mangel an Glucose in der Zelle.

Die Erhöhung des Blutzuckers – das Hauptmerkmal des Diabetes

Hyperglycämie = erhöhte Konzentration von Zucker im Blut

Der Blutzucker steigt nicht nur nach der Nahrungsaufnahme an. Fehlt Insulin, kommt es sogar ohne Essen zu einer ständigen Blutzuckererhöhung, weil Glucose dann vom Organismus selbst bereitgestellt wird. Die Zellen des (unbehandelten) Diabetikers, dem Insulin fehlt, leiden, trotz des sie umgebenden Überflusses, an Energiemangel. Sie befinden sich im Notstand und fordern unablässig Glucose und andere Energiespender an. Daraufhin werden die Glucosespeicher und die Fettspeicher entleert. Es wird sogar Glucose aus körpereigenem Eiweiß neu gebildet. Aber alles ist nutzlos. Die unter Opfern (Gewichtsabnahme, Substanzverlust) freigemachte oder neugebildete Glucose führt zu einer zunehmenden und gefährlichen Erhöhung ihrer Konzentration im Blut. In das eigentliche Notstandsgebiet, d.h. in die Zelle, kann sie wegen des fehlenden Insulins nicht hineingelangen. Auch das freigemachte Fett kann ohne Insulinwirkung nicht vollständig verarbeitet werden. Es bleiben saure Restbestandteile und Aceton übrig, die zu einer Vergiftung führen können (Koma).

Fehlt Insulin – fehlt Glucose in der Zelle

Insulinmangel – Acetonvergiftung droht

Wird in einem derartigen Energiemangelzustand, z.B. von den Muskelzellen, auch nach Arbeit verlangt, fordern sie noch mehr Glucose an. Aber wenn Insulin fehlt, kann selbst die arbeitende Muskelzelle die Glucose aus dem Blut nicht nutzen. Der Mangel an Energie in der Zelle nimmt zu. Das heißt, bei Muskeltätigkeit, ohne Anwesenheit von Insulin, steigt der Blutzucker stark an, und die Gefahr der Acetonentstehung nimmt zu.

Urinzucker (Uringlucose): Normalerweise ist der Urin praktisch frei von Zucker. Erst bei Blutzuckerwerten über etwa 9 mmol/l (160 mg/100 ml) können die Nieren die Glucose nicht mehr zurückhalten. Sie tritt in den Urin über (Glucosurie). Diese Glucoseausscheidung kann nicht in hochkonzentrierter Form erfolgen. Die Verdünnung entzieht dem Organismus Wasser. Es kommt zu Harnflut und Durst. Die Blutglucosekonzentration, bei der die Glucoseausscheidung beginnt, wird als *Nierenschwelle* für Glucose bezeichnet. Sie ist von Mensch zu Mensch unterschiedlich und kann sich im Verlauf des Lebens ändern (s. Abb. 3): So ist sie z.B. in der Schwangerschaft niedrig, während sie mit höherem Lebensalter ansteigt. Auch Medikamente können die Nierenschwelle beeinflussen. Ein sogenannter *Nierendiabetes* (renaler Diabetes) liegt vor, wenn trotz normaler Blutzuckerwerte immer Zucker im Urin ausgeschieden wird. Hierbei kann es sich um eine erblich bedingte Erniedrigung der Nierenschwelle handeln.

Harnflut und Durst – typische Zeichen für Diabetes

Die Ursachen des insulinpflichtigen Diabetes

Ein erhöhter Blutzucker ist das Merkmal des Diabetes. Aber der Diabetes selbst ist keine einheitliche Erkrankung. Denn die Ursachen des Insulinmangels können sehr verschieden sein (Abb. 4 a). Man unterscheidet zur Zeit mindestens zwei Typen des Diabetes (Tab. 2).

Die Diabetestypen

Typ I-Diabetes (»Jugendlicher« Diabetes)
Er muß unbedingt und immer mit Insulin behandelt werden. Es kommt sonst zum Tod infolge Acetonvergiftung. *Ursache*

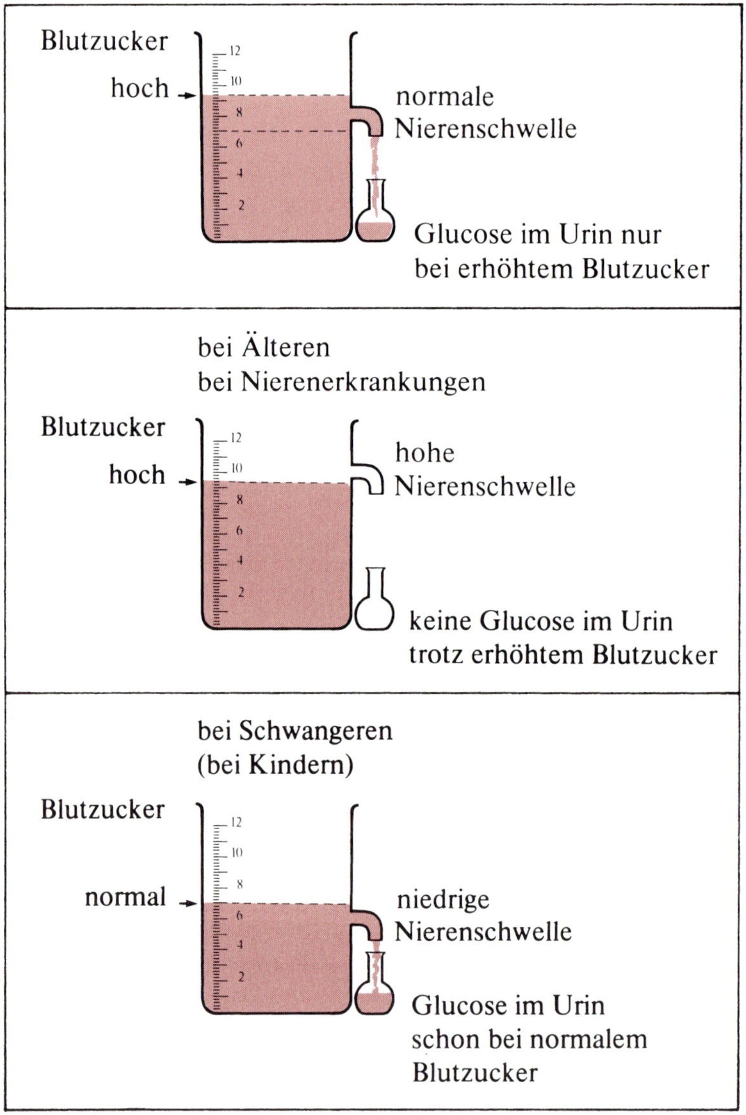

Abb. 3:
Die Glucose-Nierenschwelle
Darunter versteht man die Konzentration des Blutzuckers, bei der eine Ausscheidung von Zucker im Urin beginnt.

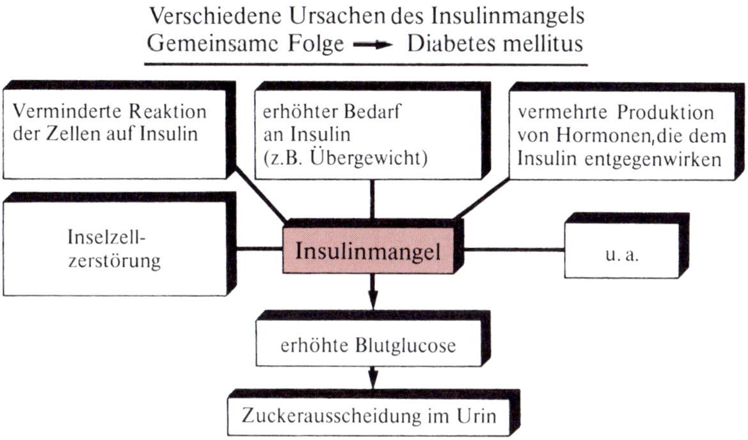

Abb. 4a: Die Erhöhung der Blutglucose ist das Hauptmerkmal des Diabetes. Ihr liegt stets ein Insulinmangel zugrunde. Der Insulinmangel kann verschiedene Ursachen haben. Beim Typ I-Diabetes werden die Inselzellen zerstört. Beim Typ II-Diabetes wirkt Insulin ungenügend (Insulinresistenz). Das eigene Insulin wird nicht zeitgerecht abgegeben.

Typ I-Diabetes – nur Insulin hilft

des Typ I-Diabetes ist die Zerstörung der insulinproduzierenden B-Zellen der Bauchspeicheldrüse, vermutlich durch einen Autoimmunprozeß – das ist eine Abwehrreaktion des Organismus gegen körpereigenes Gewebe. Die genauen Ursachen sind noch nicht bekannt. Der Ausbruch der Erkrankung kann derzeit noch nicht verhindert werden. Der Typ I-Diabetes beginnt meist relativ plötzlich mit typischen Zeichen (s. Tab. 2). Durch die Insulinbehandlung kann es zu einer vorübergehenden Erholung der B-Zellen, zur *sog. initialen Besserungsphase* (Abb. 4b) kommen. Der Stoffwechsel ist dann leicht und mit wenig Insulin sehr gut führbar, so daß der englische Begriff »honeymoon«, d.h. »Flitterwochen des Diabetes«, recht treffend ist. Trotz intensiver und zum Teil erfolgversprechender Forschungen ist es z.Z. noch nicht möglich, die Erkrankung in diesem Stadium aufzuhalten. Die Zerstörung der B-Zellen dauert leider an. Nach einiger Zeit (Wochen oder Jahre) wird bei den meisten Erkrankten kein eigenes Insulin mehr pro-

Typ I-Diabetes: Insulingabe rund um die Uhr ein Leben lang

duziert. Der Organismus ist dann ein Leben lang komplett auf die Gabe von Fremdinsulin angewiesen (s. Abb. 4b).

Tabelle 2: **Merkmale Typ I- und Typ II-Diabetes**

Merkmale	Typ I-Diabetes	Typ II-Diabetes
Klinisches Erscheinungsbild	meist jung ohne Insulin nicht lebensfähig (Acetonvergiftung) Hypoglycämie-Neigung meist schlank	meist über 40 Jahre nur 15 % benötigen Insulin (haben meist noch eigenes Insulin) keine Hypoglycämie-Neigung 90 % übergewichtig Fette und Harnsäure im Blut oft erhöht
Beginn und Entwicklung	schnell (Tage bis Monate)	langsam (Monate bis Jahre)
Ursache	**Insulinmangel (Zerstörung der B-Zellen)**	**Insulinresistenz und Störung der Insulinsekretion + Risikofaktoren (Überernährung, Muskelinaktivität)**
Vererbung (Aufreten eines Diabetes bei einem eineiigen Zwilling	nicht ausgeprägt (ca. 40 %)	stark ausgeprägt (ca. 95 %)
Begleit- und Folgekrankheiten	nach langer Dauer Spätfolgen möglich • Schäden an kleinsten Gefäßen • Verengung der großen Gefäße • Nervenschäden	meist schon von Anfang an • Begleitkrankheiten (Diabetes als Eisbergspitze) • Verengung der großen Gefäße (HPL) • hoher Blutdruck • auch Folgeschäden gemäß Typ I-Diabetes möglich
Vorbeugung	z.Z. noch nicht möglich	Normalgewicht, Muskelaktivität, gesunde Ernährung

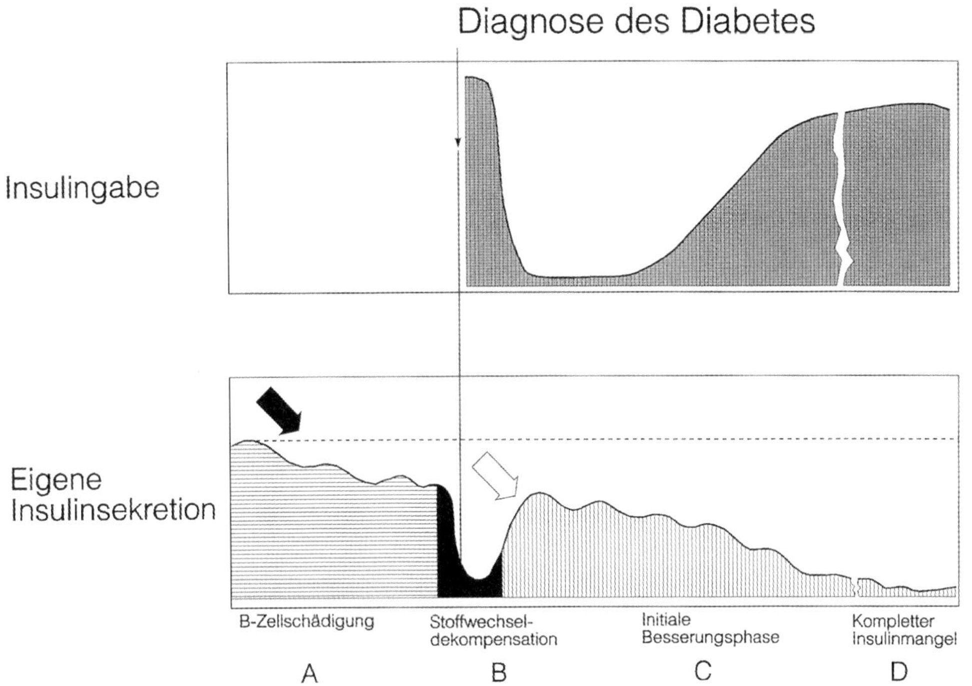

Abb. 4b: Der Verlauf des Typ I-Diabetes mit initialer Besserungsphase

A **Vorphase des Diabetes:** Die Schädigung der B-Zellen in der Bauchspeicheldrüse hat begonnen. Die Insulinabgabe ist vermindert, aber noch ausreichend. Spuren der B-Zellschädigung lassen sich oft nachweisen (Antikörper).

B **Die Krankheit Diabetes ist zum Ausbruch gekommen,** weil die Insulinabgabe nicht mehr ausreicht. Oft lösen zusätzliche Faktoren, wie Infekte, Streß etc., den Zusammenbruch aus: hoher Blutzucker, Symptome des Diabetes, u.U. Koma. Hohe Dosen Insulin sind notwendig.

C **Initiale Besserungsphase:** Die Insulinproduktion und -abgabe hat sich unter der Insulinbehandlung wieder teilweise erholt.
Mit wenig Insulin ist der Stoffwechsel stabil (4 Wochen bis 5 Jahre, je besser die Führung, desto länger die Dauer). Der Schadfaktor wirkt an der B-Zelle weiter. Es wird immer weniger Insulin produziert.

D **Kompletter Mangel an Eigeninsulin.** Damit ist der Organismus vollständig auf die Gabe von Insulinpräparaten angewiesen. Eine intensivierte Insulintherapie ist notwendig.

Typ II-Diabetes Insulinresistenz + Störung der Insulinsekretion

Typ II-Diabetes (Erwachsenendiabetes)

Nur wenige Typ II-Diabetiker benötigen Insulin, dann auch erst nach längerer Krankheitsdauer, Eigeninsulin ist meist noch vorhanden (s. Abb. 4b). Es wird oft nicht bedarfsgerecht von der Bauchspeicheldrüse abgegeben. Der Organismus reagiert vermindert auf das Insulin, d.h., *Hauptmerkmal des Typ II-Diabetes ist eine Insulinresistenz, insbesondere der Muskulatur.* Wir kennen zwar heute noch nicht die genauen Entstehungsmechanismen des Typ II-Diabetes. Wir wissen aber, daß das Risiko, an einem Typ II-Diabetes zu erkranken, durch Übergewicht und mangelhafte Muskeltätigkeit zunimmt. So kommt es bei Überernährung und mangelhafter Bewegung häufiger zum Typ II-Diabetes. Neben der Zuckerkrankheit bestehen oft noch andere Störungen, wie Übergewicht, hohe Fettkonzentration im Blut (Hyperlipoproteinämie), hoher Blutdruck und Verengung von Arterien (Arteriosklerose) sowie Gicht. Diese komplexe Störung wird auch als *»Stoffwechselsyndrom«* (metabolisches Syndrom oder Syndrom X) bezeichnet.

Normales Körpergewicht und Muskelaktivität immer wichtig beim Typ II-Diabetes

Typ II-Diabetes = oft Eisbergspitze einer umfassenderen Stoffwechselstörung

Beide Diabetestypen können in jedem Lebensalter vorkommen. Jüngere und Schlanke, die von Anfang an Insulin benötigen, sind meist Typ I-Diabetiker. Ältere Übergewichtige, die erst nach längerer Krankheitsdauer Insulin brauchen, sind meist Typ II-Diabetiker. Für die Praxis gibt es noch keine sicheren Unterscheidungsmerkmale (s. Tab. 2). Durch besondere Laboruntersuchungen (z.B. Bestimmung von Antikörpern) kann man in einigen Fällen den Typ genau bestimmen.

MODY (**m**aturity **o**nset **d**iabetes of **y**outh = Erwachsenendiabetes im Jugendalter). Hierbei handelt es sich um eine relativ seltene Sonderform des Typ II-Diabetes, der relativ mild verläuft, der aber schon vor dem 25. Lebensjahr auftritt und im hohen Maße vererbt wird (autosomal dominant).

Andere Diabetesformen

Ein Diabetes kann auch im Rahmen anderer Erkrankungen, wie z.B. Bauchspeicheldrüsenentzündungen, Antikörper gegen Insulinbindungsstellen, Hormonstörungen u.a. auftreten.

Die Krankheitszeichen der Zuckerkrankheit

Die Beschwerden und Krankheitszeichen (Symptome), die sich infolge eines Insulinmangels bemerkbar machen, sind sehr charakteristisch (Tab. 3). Wichtigstes Zeichen ist der Durst, der als Folge des Wasserentzugs auftritt. Bei alten Menschen äußert sich diese Austrocknung oft in Verwirrtheitszuständen. Die Beschwerden (s. Tab. 3) sind immer ein Zeichen für einen Mangel an Insulin, gleichgültig, ob es sich um eine Neuerkrankung oder um einen schlecht geführten bekannten Diabetes handelt.

Durst, Harnflut und Schlappheit – Zeichen eines Insulinmangels

Wird nicht sofort eine ordnungsgemäße Behandlung eingeleitet, besteht die Gefahr, daß ein diabetisches Koma entsteht. Bei diesem handelt es sich um die Folgen eines extremen Insulinmangels mit hochgradiger Austrocknung und Übersäuerung des Organismus. Koma heißt eigentlich Bewußtlosigkeit. Doch bevor die Bewußtlosigkeit auftritt, gehen ihr immer die o.a. Beschwerden voraus.

Das Wiederauftreten von Diabetessymptomen muß immer Anlaß zu erhöhter Aufmerksamkeit und zu sofortigen Selbstkontrollen sein.

Übelkeit und Erbrechen sind bei Diabetikern immer als höchste Alarmstufe anzusehen, die eine schnelle ärztliche Hilfe erfordern (siehe: Diabetisches Koma, s. S. 120).

Übelkeit und Erbrechen – immer an Acetonvergiftung denken

Beim Typ II-Diabetes entwickeln sich die Erscheinungen eines Insulinmangels meist sehr langsam und schleichend. Oft geht dem Diabetes eine Phase mit auffälliger Gewichtszunahme voraus!

Tabelle 3: **Zeichen (Symptome) der Zuckerkrankheit und ihre Ursachen (Grundursache ist immer Mangel an wirksamem Insulin)**

Symptome	Ursachen
Müdigkeit, Nachlassen der Leistung, Schlappheit (Hunger)	Glucose kann nicht in die Zellen gelangen, Mangel an Energie in der Zelle
Häufiges Wasserlassen, Urinspritzer hinterlassen manchmal weiße Flecken (Zucker).	Blutzuckererhöhung, Übertritt von Zucker in den Urin. Dem Körper wird dabei Wasser entzogen.
Durst, trockener Mund, Wadenkrämpfe.	Durch den Wasserentzug trocknet der Körper aus. (Die Trinkmenge reicht nicht für den Ersatz.) Salze gehen verloren.
Gewichtsabnahme	Abbau von Körperfett und Eiweiß, Wasserverlust.
Neigung zu Infekten: Entzündungen an der Haut, im Mund, an den Geschlechtsorganen, Juckreiz in der Scheide, schlechte Wundheilung.	Mangelhafte Abwehrkraft des Organismus, zuckerhaltiger Urin
Übelkeit, Erbrechen, obstartiger Geruch aus dem Mund (Aceton)*.	Acetonvergiftung, Übersäuerung des Organismus.

* *Bedrohliche Situation, Gefahr eines Komas. Es ist sofort ärztliche Hilfe notwendig (s. S. 120)!*

Die Behandlung des insulinbedürftigen Diabetes

Die Ziele der Behandlung – Joslins Troika

Mit einer guten Behandlung wollen wir für Diabetiker Lebenserwartung und Lebensqualität wie für Nichtdiabetiker erreichen. Die Diabetesforschung hat bewiesen, daß wir diesem Ziel um so näher kommen, je besser wir vom ersten Tag an folgendes erreichen (s. auch Tab. 4):

Ziel: Lebenserwartung und Lebensqualität wie Nichtdiabetiker

- *normale Konzentration von Glucose, Fetten und Insulin im Blut,*
- normales Körpergewicht,
- normaler Blutdruck,
- bei Kindern und Jugendlichen eine altersgerechte Entwicklung.

Während beim Gesunden der Nüchternblutzucker von 4 bis 5 mmol (72–90 mg/100 ml) schwankt, müssen wir beim insulinbehandelten Diabetiker doch etwas stärkere Abweichungen in Kauf nehmen (Tab. 4). Dabei sind die Zielwerte für jeden unterschiedlich: Um Ältere und Gefäßgeschädigte nicht durch eine Unterzuckerung zu gefährden, werden bei ihnen etwas höhere Werte angestrebt. Schwangere dagegen sollten normnahe Blutzuckerwerte haben. Bei schlechtem Stoffwechsel müssen die Zielwerte schrittweise erreicht werden. Bei schneller Senkung eines Blutzuckerniveaus besteht die Gefahr von Augenblutungen. Um den Blutzucker in diesen persönlichen Zielbereichen zu halten, hat der insulinbedürftige Diabetiker eine Troika (Dreigespann) mit den Pferden *Ernährung, Insulin und Muskelarbeit* zu lenken (These des amerikanischen Arztes Joslin, 1896 bis 1962).

Seine Zielwerte muß jeder Diabetiker kennen

Die Zielwerte sind nicht für alle gleich

Tabelle 4: **Zielwerte für insulinbehandelte Diabetiker**[1]
Angaben in mmol/l (mg/100 ml = mg %)

	Blutzucker					**Blutfette**		
	nüchtern	2 Stunden nach dem Essen	HbA_{1c}[2] %	HbA_{1}[2] %	Harnzucker	Cholesterin	Neutralfette (TG)	HDL-Cholesterin[3]
Diabetiker: Jüngere (< 50 Jahre) ohne schwere Gefäßschäden	< 6 (100)	< 9 (160)	≪ 8	< 9	Spuren	< 5,2 (< 200)	< 1,7 (< 150)	> 0,9 (> 35)
Ältere oder mit Gefäßschäden	< 8 (< 140)	< 10 (< 180)	< 8	< 9		< 5,2 (< 200)	< 1,7 (< 150)	> 0,9 (> 35)
Nichtdiabetiker	4 (70)	7 (120)	~ 6	~ 8	0	< 5,2 (< 200)	< 1,7 (< 150)	> 0,9 (> 35)

Für den übergewichtigen Typ II-Diabetes ist die Normalisierung des Körpergewichts eine der wichtigsten Zielmarken.

1 Jeder hat seine eigenen Zielwerte.
So sind z. B. vor oder in der Schwangerschaft sowie bei Pumpenpatienten niedrigere Blutzuckerwerte wünschenswert.
Bei sehr alten Menschen sind evtl. noch weitere Kompromisse notwendig.

2 HbA_1-Werte sind von der Bestimmungsmethode abhängig. Ziel: 1 % über dem jeweiligen Normbereich. Fragen sie Ihren Arzt nach den Normalwerten.

3 HDL-Cholesterin ist der sog. gute Fettwert. Er sollte möglichst hoch sein.

HbA_1 und HbA_{1c} – repräsentieren das Blutzuckerlangzeit-Gedächtnis.
Hb (= Hämoglobin = roter Blutfarbstoff) besteht aus unterschiedlichen Eiweißbestandteilen (z. B. HbA_1), an die sich Zucker anlagert. Die Menge des angelagerten Zuckers hängt von der Blutzuckerkonzentration über einen längeren Zeitraum ab. HbA_1 stellt somit das »Blutzuckergedächtnis« für die letzten 5 Wochen dar. Die Werte hängen von der Laborbestimmungsmethode ab. HbA_{1c} ist eine Komponente aus dem Gesamt-HbA_1. Der Wert von HbA_{1c} muß deshalb immer niedriger als der Wert des HbA_1 sein. Es ermöglicht eine genauere Bestimmung und damit eine bessere Vergleichbarkeit.

Die Ernährung der Diabetiker

Das Essen ist ohne Zweifel meist ein Genuß. Das soll es auch für den Diabetiker bleiben. Viele Menschen brauchen nach der Feststellung eines Diabetes ihre gewohnte Ernährung kaum zu ändern. Oft genügen geringe Korrekturen. Denn: *Das Grundprinzip der Ernährung des Zuckerkranken ist eine gesunde Normalkost*, die an den Diabetes angepaßt und mit der *Insulinbehandlung abgestimmt* werden muß. Deshalb sollte einem Diabetiker keine »Extrawurst« gebraten werden. Er sollte sich ungezwungen an jeden Essentisch setzen.

Für den Diabetiker keine besondere Diät, sondern eine gesunde Normalkost

Die Umstellung der Familie auf eine gesunde Kost (s. unten) käme im übrigen den anderen Familienmitgliedern ebenso zugute.

Die gesunde Normalkost

Die sieben Regeln einer gesunden Ernährung

1. Maßvolle Ernährung.
2. Bevorzugung pflanzlicher Lebensmittel.
3. Einschränkung des gesamten Fettverzehrs, dabei Anteil der ungesättigten Fettsäuren erhöhen.
4. Als Eiweißspender Fisch, Hülsenfrüchte, Magermilchprodukte, Geflügel bevorzugen, dagegen Fleisch und Fleischprodukte einschränken.
5. Starke Einschränkung hochkonzentrierter Energieträger, wie Zucker, Süßwaren, Konditoreiwaren usw.
6. Geringe Salzzufuhr.
7. Anteil von Ballaststoffen erhöhen.

Gesunde Kost enthält vorwiegend pflanzliche Nahrungsprodukte und nur sehr wenig tierische Produkte

Gegenwärtig wird in den industrialisierten Ländern meist zuviel, zu fett, zu zuckerhaltig, zu salzig und zu ballaststoffarm gegessen. Diese Fehlernährung ist zusammen mit der verminderten körperlichen Aktivität hauptsächlich für die gehäufte Entstehung von Arteriosklerose (»Gefäßverkalkung«), für den frühen Tod durch Herz-Kreislauf-Erkrankungen und für das Auftreten von Stoffwechselerkrankungen in diesen Ländern verantwortlich zu machen.

Der Energiebedarf des Körpers und der Energiewert der Nahrungsmittel

Maßvoll ist die Ernährung, wenn der Energiegehalt der Nahrung dem Energiebedarf entspricht.

Maßeinheit für die Energie ist die Kalorie (bzw. im internationalen Einheitssystem Joule)
1 kcal (Kilokalorie) = 4, 187 kj (Kilojoule).

Der Energiebedarf ist unterschiedlich

Der Energiebedarf des Organismus wird vom Lebensalter, vom Beruf und von der gesamten körperlichen Aktivität bestimmt. Für Sonderleistungen, z.B. Wachstum, Schwangerschaft, Stillen, Wundheilung, fieberhafte Erkrankung u.a., wird Zusatzenergie benötigt.

Fette und Zuckerwaren enthalten konzentriert Energie

Der Energiewert (Nährwert) der Nahrungsmittel hängt vom Kohlenhydrat-, Fett- und Eiweißgehalt ab. Kohlenhydrate sind für den Menschen die wichtigsten Energieträger. Fett hat den höchsten Energiegehalt (Tab. 5). Die Gefahr einer erhöhten Energiezufuhr besteht vor allem beim Verzehr von Fett und von ballaststoffarmen Kohlenhydraten (Kuchen, Konfekt, Schokolade usw.). Diabetikersüßwaren auf Sorbit- und Fructosebasis erhöhen zwar den Blutzucker nicht so schnell und stark wie zuckerhaltige Süßwaren, sie enthalten jedoch nahezu den gleichen Kaloriengehalt (s. S. 39).

Tagesenergiebedarf von Erwachsenen mit normalem Körpergewicht

Gewicht	Körperliche Tätigkeit	
	leicht	schwer
60 kg	1700–2000	2400–2800
80 kg	2400–2800	3200–3800

Im jüngeren Lebensalter wird mehr und im höheren Alter wird weniger Energie benötigt.

über 40 Jahre	minus 10 %
über 50 Jahre	minus 15 %
über 65 Jahre	minus 20 %

Tabelle 5: **Kalkulation des Energiegehaltes in der Nahrung in Kilokalorien (kcal)**

Grundnährstoffe	Energiegehalt
1 g Kohlenhydrate	4,1 kcal
1 g Eiweiß	4,1 kcal
1 g Fett	9,3 kcal
1 g Alkohol	7,1 kcal

Überangebot an Energie vor allem durch Fett

Siehe Seite 36, Abb. 6.

Körpergewicht

Übergewichtige müssen über Kalorien Bescheid wissen

Das *Körpergewicht* zeigt untrüglich an, ob der Energiegehalt der Nahrung dem Bedarf entspricht. *Jede nichtbenötigte Energiezufuhr erfährt eine Umwandlung in Fett.*

Einschätzung des Körpergewichts

nach **Broca** Normal: Größe in cm minus 100 (in kg)
Ideal: Normalgewicht (kg) minus 10–15 %

BMI (body mass index)

$$= \frac{\text{Körpergewicht (kg)}}{\text{Größe (m)} \times \text{Größe (m)}}$$

Normal:	22–26
Übergewicht:	≥ 26

Körpergewicht = Spiegel der Energiebilanz

Das Gewicht kann nur verringert werden, wenn der Verbrauch an Energie größer als ihre Zufuhr ist. Für den insulinspritzenden Typ II-Diabetiker mit Übergewicht bleibt die Reduzierung des Körpergewichts die Aufgabe Nr. 1. Er muß deshalb über die Kalorienbilanz Bescheid wissen (s. Tab. 13, Seite 105).

Die Zusammensetzung der Nahrung

Eine gesunde Kost ist kohlenhydratreich

Eine Nahrung ist günstig zusammengestellt, wenn die Grundnährstoffe etwa folgenden Anteil an Energie liefern:

Kohlenhydrate	55 %
Fett	30–35 %
Eiweiß	15 %

Das erfordert den überwiegenden Verzehr von pflanzlichen Produkten, sehr wenig Fleisch und Fleischwaren und kaum reines Fett (s. Abb. 5). Bereits beim Einkauf sollte die *Zusammensetzung gebräuchlicher Nahrungsmittel* berücksichtigt werden (Abb. 6).

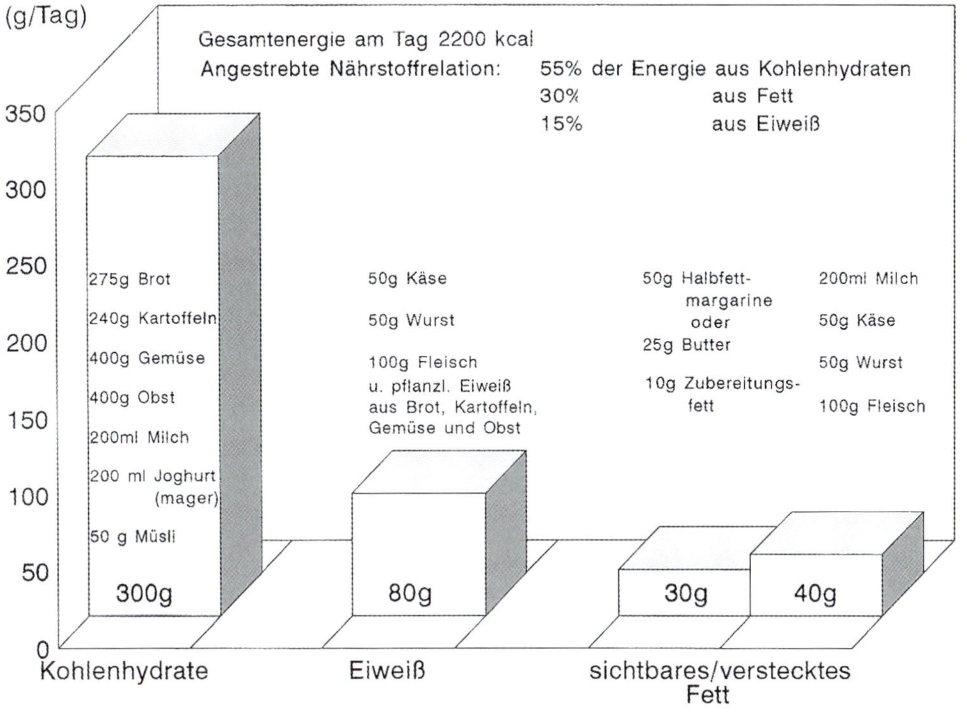

Abb. 5: Beispiel einer gesunden Tageskost
Bei einer gesunden Ernährung soll über die Hälfte der benötigten Energie aus Kohlenhydraten stammen. Beachte, wie extrem gering dabei die Zufuhr an sichtbarem Fett gehalten werden muß, damit Fette nur 30 % der benötigten Energie liefern.

Die noch vor wenigen Jahren empfohlene eiweißreiche Diabetikerkost ist überholt. Sie belastet die Nieren und enthält zuviel verstecktes Fett.

Nahrungsfett, Gesamtfettmenge und Zusammensetzung der Fette

Eine gesunde Kost ist fettarm

In der täglichen Nahrung sollte wenig Fett enthalten sein. Das geschieht am besten durch die konsequente Reduktion der tierischen Fette. Das sind Schmalz, Talg, Speck, Butter und vor allem das »versteckte« Fett in Fleisch- und Wurstwaren.

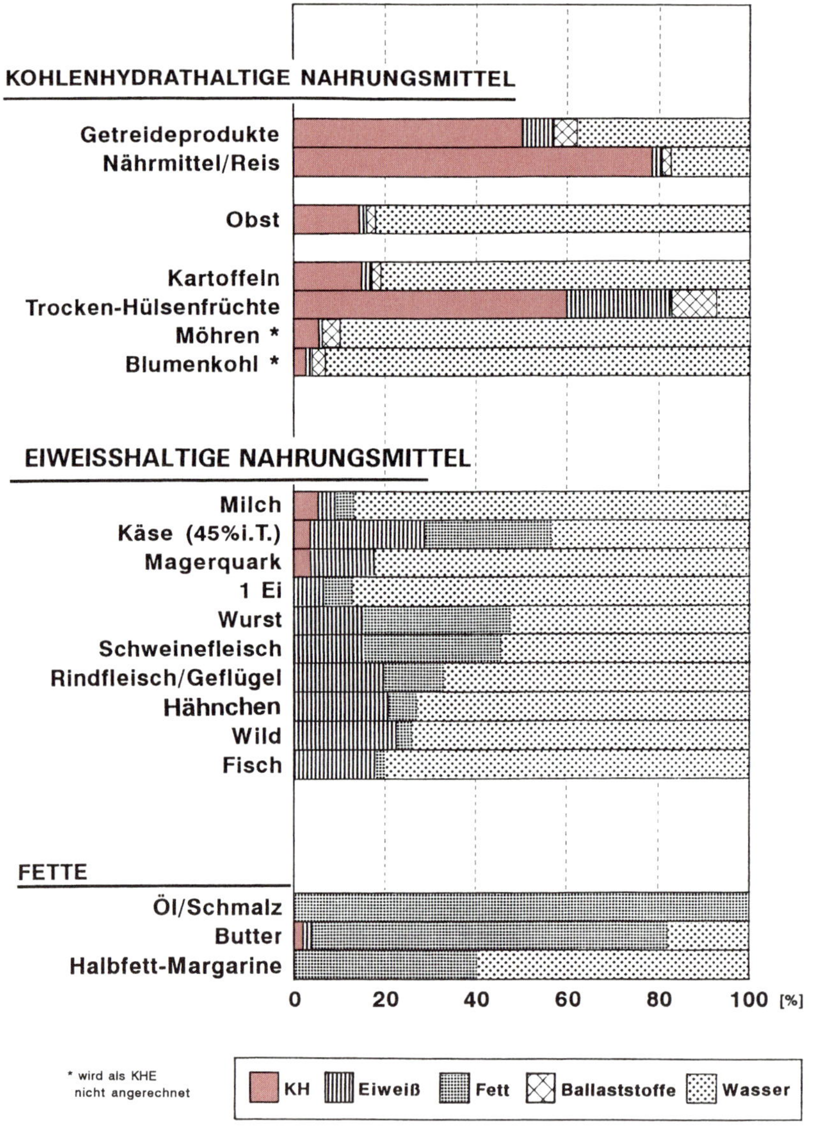

Abb. 6: Der Grundnährstoffgehalt der Nahrungsmittel
Beachten Sie den hohen Gehalt an »verstecktem« Fett in Fleisch- und Wurstwaren und in fetten Käsearten, Ballaststoffe sind nur in pflanzlicher Nahrung enthalten.

Sie enthalten vorwiegend Fett aus sogenannten gesättigten Fettsäuren und das Cholesterin. Im Übermaß genossen, führen sie zum Übergewicht, zur Erhöhung der Fette und des Cholesterins im Blut und damit zu der Gefahr der Fett- und Kalkablagerung in den Blutgefäßen (Arteriosklerose). Durch die Einschränkung des Wurst- und Fleischverbrauchs lassen sich nicht nur das Körpergewicht und die erhöhten Blutfettwerte sowie die Harnsäurekonzentration senken. Damit ist auch das Risiko, an Gicht oder an Darmkrebs zu erkranken, geringer. Die Umstellung von Butter auf eine Halbfettmargarine ist sinnlos, wenn keine Einschränkung des Wurst-, Fleisch-, Schmalz- und Sahneverbrauchs erfolgt.

Auch Margarine ist Fett

Dagegen kann Butter (in Maßen) gegessen werden, wenn die anderen Cholesterinträger und die versteckten Fette (Wurst, Fleisch, fette Käsesorten) reduziert werden.

• **Öle mit einem hohen Anteil an ungesättigten Fettsäuren** (diese Öle sind bei Zimmertemperatur flüssig), sind z.B. kaltgepreßte Pflanzenöle:

Distelöl,
Leinöl,
Sojaöl,
Olivenöl,
Sonnenblumenöl und
Öle von Kaltwasserfischen (Makrele, Hering, Lachs)

Sie senken die Blutfette und verbessern die Fließeigenschaften des Blutes. Sie sollten deshalb einen Teil des Fettbedarfs in der Nahrung ausmachen. Eskimos verzehren hauptsächlich Fisch. Der relativ günstigen Zusammensetzung der Öle von Kaltwasserfischen sollen die Eskimos das geringere Vorkommen von Gefäßverkalkungen und Herz-Kreislauf-Erkrankungen verdanken.

Fett ist nicht gleich Fett

1 Eigelb: 300 mg Cholesterin

• **Cholesterin** braucht der Körper u.a. zum Aufbau von Hormonen, Gallensaft und Zellbestandteilen. Der tägliche Cholesterinbedarf eines Erwachsenen ist jedoch nicht höher als 300 mg. Das wird durch den Verzehr von Butter und Eiern ganz schnell überschritten. Der erhöhte Cholesterinverzehr fördert das Entstehen von Gefäßverkalkungen (Arteriosklerose).

• **Ballaststoffe** sind die unverdaulichen Bestandteile der Pflanzennahrung (vorwiegend Zellulose, Pektin). Sie gehören zur gesunden Ernährung. Ballaststoffreich kann man sich durch den Verzehr von Vollkornerzeugnissen, Obst (roh und ungeschält), Gemüse, Hülsenfrüchten und viel Rohkostsalaten ernähren. Die günstige Wirkung der Ballaststoffe besteht in der

Vegetarier haben niedrige Blutfettwerte und weniger Darmkrebs

– Senkung des Insulinbedarfs,
– Regulierung der Darmfunktion,
– Erzeugung eines höheren Sättigungsgefühls,
– Senkung der Blutfette, auch des Cholesterins,
– Verminderung des Risikos von Darmerkrankungen (u.a. von Darmkrebs),
– in einer Verzögerung der Glucoseaufnahme in das Blut.

Bei einer gesunden Normalkost mit rohem Obst oder Gemüse ist der künstliche Zusatz von Ballaststoffen (z.B. Quellstoff Guar oder Kleieprodukte) nicht notwendig. Süßwaren enthalten keine Ballaststoffe. Das gilt auch für Diabetikersüßwaren.

• **»Diabetikernahrungsmittel«, Süßen ohne Zucker**
Auch ohne Zucker braucht man auf den süßen Geschmack nicht zu verzichten. Man unterscheidet chemisch hergestellte Süßungsmittel und natürliche Zuckeraustauschstoffe. *Süßstoffe* wie *Saccharin* und *Zyklamat* sind nicht kalorienhaltig und von hoher Süßkraft. Sehr kalorienarm und von hoher Süßkraft ist auch *Aspartame*, ein Aminosäuregemisch, welches

Bei Zuckeraustauschstoffen die Kalorien beachten

jedoch nicht zum Backen und Kochen verwendet werden kann. Im Gegensatz zur Erklärung auf den Beipackzetteln ist Aspartame durchaus für Diabetiker geeignet. Verboten ist es bei der seltenen angeborenen Störung des Aminosäurestoffwechsels (Phenylketonurie) und deshalb auch während jeder Schwangerschaft.

»Diabetiker«-Nahrungsmittel sind meist überflüssig

Zuckeraustauschstoffe, wie Fructose, Sorbit, Xylit, sind natürliche Kohlenhydrate, sie werden langsam in Glucose umgewandelt und erhöhen den Blutzucker nicht so schnell und stark wie der normale Haushaltszucker. Sie enthalten jedoch fast die gleiche Menge an Energie. Übergewichtige müssen deshalb wissen, daß Backwaren und Süßwaren mit *Fructose* oder *Sorbit* wie »normale« Süßwaren zum Gewichtsansatz führen können. Sorbit kann Durchfall und Blähungen verursachen. Es ist zu empfehlen, den Verzehr auf etwa 30 g pro Tag zu beschränken.

Gesunde Normalkost ist gut für Diabetiker

Diese Diabetikernahrungsmittel stellen keinesfalls etwas besonders Gutes für den Diabetes dar. Die Grundlage der Diabetikerkost ist einfach eine gesunde Ernährung. Dazu braucht man keine besonderen Nahrungsmittel. Die Zusammenstellung einer guten Diabeteskost ist aus dem normalen Lebensmittelangebot möglich. Die Süßungsmittel können höchstens die Kost ein bißchen »versüßen«. Daß Zucker unter bestimmten Bedingungen auch für Diabetiker nicht schädlich ist, wird auf S. 45 ausgeführt.

• Mineralien

Kochsalz (NaCl), Kalium, Kalzium, Magnesium u.a.

Kochsalz fördert bei vielen Menschen die Entwicklung eines erhöhten Blutdrucks, wenn mehr als 5 g/Tag verzehrt werden. Für die Vermeidung von Herz-Kreislauf-Erkrankungen ist es wichtig, die Kochsalzaufnahme lebenslang niedrig zu halten.

Fertigerzeugnisse meiden

Fertigerzeugnisse (Tütensuppen, Suppenwürfel, Wurstwaren u.a.) enthalten sehr viel Salz. Grundsätzlich sollte man niemals nachsalzen. Keine Angst vor fadem Geschmack! Die Geschmacksnerven passen sich an. Vermehrt soll dagegen *Kalium* aufgenommen werden. Es ist in Obst und Gemüse enthalten.

Kalzium ist für den Aufbau der Knochen notwendig. Es ist besonders in Milch und Milchprodukten enthalten. Eine kalziumarme Ernährung begünstigt die Entwicklung der gefürchteten Osteoporose (Knochenkrankheit). Ein Mangel an *Magnesium* kommt bei Diabetikern, bei Sportlern, Schwangeren und bei Einnahme von Tabletten zur Entwässerung nicht so selten vor. Er kann Wadenkrämpfe verursachen. Fragen Sie Ihren Arzt nach einem Magnesiumersatz (Tabletten, Pulver).

Die Besonderheiten der Ernährung beim insulinspritzenden Diabetiker

Um einen möglichst ausgeglichenen Blutzucker zu erreichen, muß der Diabetiker Insulingabe (senkt den Blutzucker) und Nahrungsaufnahme (erhöht den Blutzucker) aufeinander abstimmen. Dazu ist Wissen notwendig, nicht nur über die Dosierung und das Ausmaß der Insulinwirkung, sondern ebenso über die Wirkung des Essens.

Der insulinspritzende Diabetiker muß die Auswirkungen seiner Nahrungsaufnahme auf den Blutzucker abschätzen können.

Kohlenhydrate werden in Zucker aufgespalten

- Am wichtigsten sind die **Kohlenhydrate.** Sie **erhöhen den Blutzucker direkt.** Es gibt sie als reinen Zucker und als Stärke. Reine Zucker sind Einfachzucker (Traubenzucker = Glucose, Fruchtzucker = Fructose u.a.) und Zweifachzucker

(Haushaltszucker aus Zuckerrüben oder Zuckerrohr, Milchzucker, Malzzucker u.a.). Sie führen, auch wenn sie zu Nahrungsmitteln wie Kuchen, Pralinen, Süßspeisen und Likör u.a. verarbeitet werden, zu einer schnellen und starken Erhöhung des Blutzuckers. *Stärke* (ein Mehrfachzucker) besteht dagegen aus einer langen Kette von Glucose. Sie ist in Getreide, Kartoffeln und Gemüse enthalten und dort von Fasern und Hüllstoffen umgeben. Die Glucose kann erst durch einen länger dauernden Verdauungsprozeß freigelegt werden. Reine Stärke wird z.B. schnell, Vollkornprodukte werden dagegen langsam in Glucose umgewandelt.

Kohlenhydrate erhöhen den Blutzucker

• **Der insulinspritzende Diabetiker muß den Gehalt von Kohlenhydraten in den Nahrungsmitteln abschätzen können.** Zur Erleichterung für den täglichen Umgang mit dem Kohlenhydratgehalt der Nahrungsmittel wurden die Hilfsgrößen **Kohlenhydrateinheit** bzw. **Broteinheit** eingeführt.

1 Kohlenhydrateinheit (1 KHE) oder 1 Broteinheit (1 BE) enthalten etwa 10–12 g Kohlenhydrate (Austauschtabelle im Anhang)

Mengen von Nahrungsmitteln mit diesem Gehalt an Kohlenhydraten können gegeneinander ausgetauscht werden. So entsprechen z.B. einer KHE (oder einer BE) eine dünne Scheibe Mischbrot (25 g) oder ein mittelgroßer Apfel (80–100 g) oder 200 ml Milch. Es handelt sich um Richtwerte. Der Kohlenhydratgehalt der Nahrungsmittel schwankt natürlicherweise um etwa 30 Prozent. So ist er z.B. pro Gewicht höher, wenn das Obst von Sonne gereift zum Verzehr kommt oder wenn das Brot gut ausgebacken bzw. gut abgelagert wurde. Eine Übergenauigkeit ist deshalb sinnlos. Am Anfang sollten insulinspritzende

KHE und BE = grobe Richtwerte für den Austausch von Kohlenhydraten

Diabetiker die kohlenhydrathaltigen Nahrungsmittel, wie Brot, Nudeln, Reis und Obst, abwiegen, um Erfahrung zu erlangen. Nach einiger Übung genügt das Augenmaß. Das Einschätzen der Portionen kann an Küchenmaßen orientiert erfolgen (z.B. 1 KHE: eine kleinfingerdicke Scheibe Brot, 2 Tassen Milch, 1 mittelgroßer Apfel, 2 Teelöffel Mehl usw.).

Übergenauigkeit ist sinnlos

Besonders für ältere Menschen, die Insulin spritzen, ist eine regelmäßige Nahrungsaufnahme mit einem ausreichenden Gehalt an Kohlenhydraten das wichtigste. Das Vergessen einer Mahlzeit zur Hauptwirkungszeit des Insulins kann sie in Lebensgefahr bringen (Unterzuckerung). Eine etwas erhöhte Kohlenhydratzufuhr (auch ein bißchen Zucker) kann ihnen nicht schaden, wenn die Führung des Diabetes ansonsten keine Probleme macht. Für übergewichtige Diabetiker, die nicht mit Insulin behandelt werden, sind KHE oder BE unwichtig. Bei ihnen muß die Kalorienbilanz im Mittelpunkt stehen.

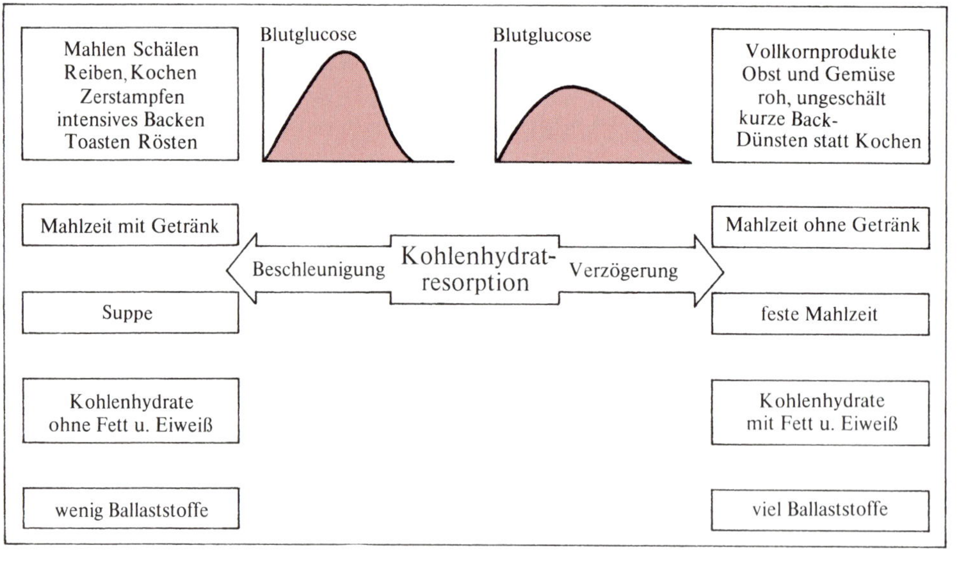

Abb. 7: Einfluß verschiedener Faktoren auf die Geschwindigkeit der Resorption von Kohlenhydraten.
Aufnahme der Kohlenhydrate im Blut erfolgt mit unterschiedlicher Geschwindigkeit. Vgl.: Abb. 9 Insulinaufnahme (S. 58).

• Der insulinspritzende Diabetiker muß grob darüber orientiert sein, wie schnell die kohlenhydrathaltigen Nahrungsmittel in Glucose umgewandelt werden. Denn trotz gleichen Gehalts an Kohlenhydraten kann der Blutzuckeranstieg sehr unterschiedlich sein (s. Abb. 7 und Tab. 6). Ein langsamer und flacher Blutzuckeranstieg ist für insulinspritzende Diabetiker günstiger, da auch das gespritzte Insulin meist relativ langsam wirkt (s. Insulinwirkung, S. 56).

Toastbrot »schießt« ins Blut, Schwarzwurzeln »tröpfeln« ins Blut

Tabelle 6: **Einteilung kohlenhydrathaltiger Nahrungsmittel nach ihrer Wirkung auf den Blutzucker** (grobe Einschätzung, denn die Resorption schwankt von Tag zu Tag, von Mensch zu Mensch und in Abhängigkeit von der Zusammensetzung der Mahlzeit)

Gruppe	Blutzuckeranstieg und -abfall	Nahrungsbeispiele
A	schnell (hoch)	Glucose, Kartoffelsuppe und -brei, Nudel- und Reiseintopf, Cornflakes, Grießsuppe, Pudding, Bier, Cola.
B	mittelschnell	Weißbrot, Knäckebrot, Toastbrot, Haushaltszucker, Salzkartoffeln, Reis (Ausnahme: Blutzucker fällt langsam ab), Apfelsaft, Orangensaft, Bananen, Honig, Steinobst
C	langsam (Lente-Kohlenhydrate)	Nudeln, Äpfeln, Birnen (roh, ungeschält), Vollkornbrot, Joghurt, Schokolade, Milch, Frischkornmüsli, Speiseeis, Fructose, Sorbit.
D	extrem flach, nicht zu berechnen	Blattgemüse, Schwarzwurzeln, Hülsenfrüchte

Achtung! Das absolute Verhalten des Blutzuckers nach einer Mahlzeit hängt immer vom Ausgangsblutzucker ab. Bei Lente-Kohlenhydraten (Lente – langsam wirkend) kann der Abstand zwischen Spritzen und Essen verkürzt werden.

– Als ein wichtiges Beispiel sei die letzte Mahlzeit vor dem Schlafengehen, das sog. *Spätstück*, angeführt. Das spätabends verabreichte Verzögerungsinsulin entfaltet seine Hauptwirkung in der Regel erst nach Mitternacht. Wir

Vorbeugung vor nächtlicher Unterzuckerung ist nur mit langsam resorbierbaren Kohlenhydraten möglich

müssen deshalb dafür sorgen, daß in dieser Zeit noch Glucose in die Blutbahn gelangt. Sonst besteht erhöht die Gefahr von nächtlichen Zuckermangelschocks. Saft und Obst allein sind deshalb als Spätstück sinnlos. Nach etwa zwei Stunden ist ihre Aufspaltung in Glucose beendet. Dagegen sind langsam resorbierbare Kohlenhydrate im Gemisch mit Fett und Eiweiß zu empfehlen, z.B. belegtes Vollkornbrot oder Müsli mit rohem Obst, oder Quarkspeise mit rohem Obst.

– An die *Orientierungswerte* (Tab.6) über die Geschwindigkeit der Kohlenhydrataufspaltung dürfen keine übertriebenen Erwartungen gestellt werden. Auch nach »gleichen« Gerichten kann es zu sehr unterschiedlichem Blutzuckerverhalten kommen. Es sind zu viele Faktoren wirksam (Abb. 7). Hinzu kommt die von Tag zu Tag schwankende Funktion der Verdauungsorgane (z.B. die Magenentleerung).

In einer gesunden Mischkost werden die Kohlenhydrate langsam resorbiert

Kartoffelstärke wird schneller aufgeschlossen, wenn die *Kartoffeln* als Suppe oder Püree zubereitet werden, langsamer dagegen Salzkartoffeln. Jeder Flüssigkeitszusatz fördert die Geschwindigkeit der Resorption. *Nudeln* als relativ feste Zubereitungen (Tab. 6, C) geben langsam die Glucose frei, so daß sie im Gegensatz zu früheren Meinungen für Diabetiker gut geeignet sind. Alle Suppen, d.h. auch Nudelsuppen, führen dagegen zu einer schnelleren Spaltung der Stärke, so daß es zu einem raschen Blutzuckeranstieg kommt. Suppen sollten deshalb immer mit langsam aufschließbaren Kohlenhydratträgern, wie z.B. Vollkornbrot, Rohkostsalat, kombiniert werden. *Hülsenfrüchte* sind für die Ernährung des Zuckerkranken generell sehr günstig. Sie sind ballaststoffreich, enthalten viel pflanzliches Protein, erhöhen das Sättigungsgefühl und erhöhen den Blutzucker kaum (Gruppe D der Kohlenhydrate in Tab. 6). Sie brauchen als Kohlenhydratträger nicht berechnet zu werden. Das gleiche gilt für *Schwarzwurzeln.*

- **Zucker und zuckerhaltige Nahrungsmittel** führen zum schnellen und starken Blutzuckeranstieg. Übergewichtige müssen außerdem bedenken, daß zuckerhaltige Nahrungsmittel in der Regel »Kalorienbomben« sind. Zucker sollte deshalb von übergewichtigen und schlecht eingestellten Diabetikern gemieden werden.

Kein Zucker bei schlechtem Stoffwechsel

Ein schlanker, gut eingestellter Typ I-Diabetiker mit intensivierter Insulintherapie kann etwa 30 g Zucker täglich in seiner normalen Mischkost ohne Nachteile verkraften.

Eine *Aufnahme von reinem Zucker* (einschließlich auch Traubenzucker) und zuckerhaltigen Nahrungsmitteln *ist in folgenden Situationen bei insulinspritzenden Diabetikern notwendig:*

Zucker ist nicht grundsätzlich verboten

Zucker ist in bestimmten Situationen notwendig

– bei Unterzuckerung,
– bei großen, lang anhaltenden körperlichen Leistungen (Ausdauersport, große Radwanderungen etc.), vor allem wenn sie von Typ I-Diabetikern mit normnahen Blutzuckerwerten durchgeführt werden,
– bei gestörter Nahrungsaufnahme infolge Erkrankung (Übelkeit, Appetitlosigkeit, Krankheit mit hochgradiger Abmagerung) als konzentrierte Energiespender. Besser eignet sich dafür Honig. Honig, bestehend aus Fruchtzucker und Traubenzucker, wird langsamer als Haushaltszucker oder Glucose aufgenommen (Tab. 6, B)

- **Jeder Blutzuckeranstieg nach Nahrungsaufnahme ist von der Ausgangssituation des Blutzuckers abhängig.** Bei schlechter Ausgangslage treiben schnell aufschließbare Kohlenhydrate den Blutzucker extrem hoch, nicht dagegen bei sehr gutem Blutzucker. Lente-Kohlenhydrate (s. Tab. 6, C und D) nützen allein nichts, entscheidend ist die gesamte Stoffwechselführung.

Bei sehr guten Zuckerwerten vor dem Essen werden Kohlenhydrate besser verkraftet

Der Zeitpunkt der Nahrungsaufnahme richtet sich nach der Insulineinstellung.

CIT Mahlzeiten müssen sich anpassen

- Bei konventioneller Insulintherapie (S. 74, 75, Abb. 15) muß sich die Nahrungsaufnahme der Insulinwirkung anpassen, d.h. pünktliche Einnahme von drei Hauptmahlzeiten und zwei bis drei Zwischenmahlzeiten (Snacks).

ICIT oder CSII Mahlzeiten sind frei wählbar

- Wenn der Basalbedarf getrennt vom Mahlzeiteninsulin mit Spritzen (Basalinsulin) oder mit Insulinpumpe (Basalinfusion) gegeben wird, sind Umfang und Zeitpunkt der Mahlzeiten relativ frei wählbar. Die Insulindosis wird dafür extra unter Einbeziehung des aktuellen Blutzuckerwertes kalkuliert.

Zwischenmahlzeiten (Snacks)

Zwischenmahlzeiten sind notwendig, wenn infolge der langen Insulinwirkung eine Unterzuckerung droht.

– **Ein zweites Frühstück** muß in der Regel von Typ I-Diabetikern, die eine größere Dosis Morgeninsulin spritzen, eingehalten werden, da sonst der Blutzucker am späten Vormittag zu weit absinkt.

- **Zwischenmahlzeiten sind nicht notwendig, wenn keine Unterzuckerung droht,** z.B. bei Typ II-Diabetikern mit sehr hohem Blutzucker nach dem 2. Frühstück, sie sollten nur **ein** Frühstück (mit verlängertem Spritz-Eßabstand) einnehmen, oder z.B. Typ II-Diabetiker, die lediglich Minidosen von kurz wirkendem Insulin vor den Hauptmahlzeiten spritzen (z.B. Abb.22). Beim übergewichtigen Typ II-Diabetiker mit Insulinresistenz sind die alten Kostpläne mit fünf bis sechs Mahlzeiten nur selten angebracht.
- Bei Injektion von Lys Pro Insulin (Humalog) sind keine Zwischenmahlzeiten notwendig. Falls jedoch ein Snack gewünscht wird, muß es durch eine extra Insulindosis abgedeckt werden.

– Gegen 14.00 Uhr ist für viele Diabetiker die Tageszeit, in der sie häufig von Unterzuckerung bedroht sind (s. biologischer Tagesrhythmus). Eine *Nachmittagsmahlzeit* (Kaffeestück, Vesper, Jause) – nicht später als zwei bis drei Stunden nach der Mittagsinjektion – beugt dann einem starken Blutzuckerabfall am frühen Nachmittag vor. Zum späten Nachmittag, wenn die Insulinwirkung nachläßt und das abendliche Dämmerungsphänomen wirkt, ist dagegen eine Glucoseanflutung aus der Nahrung nicht mehr erwünscht. Sie müßte durch eine kleine Dosis kurz wirkenden Insulins extra abgedeckt werden.

– Ein *Spätstück* aus langsam resorbierbaren Kohlenhydraten direkt vor dem Schlafengehen beugt einer nächtlichen Unterzuckerung vor. Bei morgendlichen Kopfschmerzen, nächtlichem Schwitzen und hohem Nüchternblutzucker sollte man durch nächtliche Blutzuckerbestimmungen nach einer Unterzuckerung fahnden.

Intensivierte Insulintherapie bedeutet größere zeitliche Unabhängigkeit

- **Fett erhöht den Blutzucker nicht direkt, es mindert jedoch die Insulinwirkung.** Eine Mahlzeit, die nur aus Kohlenhydraten besteht (z.B. Weißbrot, Kompott o.ä.) führt zu einer schnellen, aber nur kurzfristigen Blutzuckererhöhung (1 bis 2 Stunden). Die gleiche Menge an Kohlenhydraten, gemischt mit Eiweiß und Fett (z.B. Butter, Wurst und Käse), führt zum langsam abgeflachten Blutzuckeranstieg, der jedoch 4 bis 5 Stunden dauert. Zugleich steigt die Fettkonzentration im Blut.

Demzufolge wird insgesamt für den Umsatz der fettreichen Mahlzeit mehr Insulin benötigt. »Aber ich habe doch meine KHE genau eingehalten!« Das ist eine sehr oft anzutreffende Fehleinschätzung, wenn sich die Blutzuckerlage nach und nach verschlechtert, weil im Lauf der Zeit Zutaten und Zubrot »gehaltvoller« wurden. Beim Typ II-Diabetes wird auf diese Weise die ohnehin bestehende Insulinresistenz, d.h. die mangelhafte Wirkung des Insulins, verschlimmert. Denn Fett macht Fett. Übergewicht und erhöhte Fettwerte im Blut mindern die Insulinwirkung. Dagegen können fettfreie Kohlenhydrat-Schalttage (S. 49, 198) die Insulinwirkung verbessern.

Insulinbehandelte Typ II-Diabetiker müssen die Kalorien genauso wie die KHE beachten

Reines Nahrungseiweiß erhöht den Blutzucker nicht. Es ist jedoch zu bedenken, daß Eiweißträger immer Fett enthalten und daß eine zu hohe Eiweißzufuhr die Nieren belastet.

Unterschiede in der Ernährung der beiden Diabetestypen

Typ I-Diabetiker: – Insulinbehandlung ist das wichtigste

– Bei schlanken jungen Diabetikern mit viel Bewegung (z.B. Kindern!) muß auf eine ausreichende Energiezufuhr geachtet werden. Zucker in Maßen (etwa 30 g am Tag) schadet bei einem gut geführten Diabetes nicht. Beim normgewichtigen Typ I-Diabetes steht immer die ausreichende Gabe von Insulin an erster Stelle. Das gilt sowohl bei erhöhten Blutzuckerwerten, spurenhafter Acetonausscheidung als auch bei zusätzlichen Erkrankungen. Das Weglassen von Fett und Eiweiß in der Nahrung kann dann allerdings helfen, die drohende Stoffwechselentgleisung zu beseitigen. Dabei ist auf eine ausreichende Kalorienzufuhr (mehr als 20 KHE pro Tag), insbesondere bei Kindern und Jugendlichen (knapp 0,5 KHE/kg Körpergewicht) zu achten, da sonst der Stoffwechsel durch den Abbau von Körperfett belastet wird.

Typ II-Diabetiker: – Gesunde Kost und Normalgewicht an erster Stelle, – Insulin als Hilfe

– Dagegen müssen sich übergewichtige insulinspritzende Typ II-Diabetiker immer knapp ernähren (Tab. 7). Bei ihnen stehen Gewichtsreduktion und die Erhöhung der Muskelaktivität im Vordergrund der Behandlungsmaßnahmen. Es gibt sogar Typ II-Diabetiker, die nach einer Gewichtsabnahme kein Insulin mehr spritzen müssen (Abb. 8).

- **Kohlenhydrattage** mit Obst, Reis, Hafer, Brot, Gemüse u.a. (5- bis 6mal je 3 KHE) ohne Zusatz von Eiweiß oder Fett werden als **Schalttage** bezeichnet. Der Stoffwechsel wird an diesen Tagen sowohl durch die Kalorienreduktion als auch durch das Weglassen der Eiweiße und Fette entlastet.

Tabelle 7: **Einige Schwerpunkte der Ernährung insulinbehandelter Diabetiker in Abhängigkeit vom Diabetestyp**

Schwerpunkte	Junge Typ I-Diabetiker (Normalgewichtige mit gutem Stoffwechsel)	Übergewichtige Typ II-Diabetiker
Gesunde Ernährung	+	+
Hauptaufgabe zur Blutzuckernormalisierung	• KHE schätzen und mit Insulinwirkung abstimmen	• **Gewichtsabnahme,** • **Energiebilanz negativ gestalten!** • **Zufuhr und Verbrauch an Kalorien kalkulieren** • KHE mit Insulinwirkung abstimmen
Kalorienreduzierte knappe Kost	• nur in Ausnahmesituationen!!	• unbedingt
Zucker und Süßwaren mit Zucker	• bei Hypoglykämie • 30 g/Tag bei gutem Stoffwechsel	• bei Hypoglykämie • sonst nur selten • Kalorienbilanz beachten

KHE = Kohlenhydrateinheiten

Übergewichtige Typ II-Diabetiker können durch kalorienreduzierte KH-Tage Insulin sparen

– Beim übergewichtigen Typ II-Diabetes sind Kohlenhydrattage mit etwa 15 bis 20 KHE (= 600 bis 800 Kalorien) gut geeignet, eine leichte Stoffwechselentgleisung zu beseitigen oder Infekte zu überbrücken, ohne daß die Insulindosis erhöht werden muß. In regelmäßigen Abständen durchgeführt, können sie sogar helfen, Insulin zu reduzieren und eine Gewichtszunahme zu vermeiden. Eine merkbare Gewichtsabnahme kann durch vereinzelte Schalttage allein selbstverständlich nicht erreicht werden (Beispiel s. Anhang, s. S. 198).

• **Fastentage** dürfen niemals bei Beibehaltung eines starren Insulinregimes mit festen Insulindosen und festen Spritzzeiten durchgeführt werden. Die Mehrheit der Insulinbehandelten muß deshalb immer unbedingt regelmäßig und pünktlich essen, da es sonst zu schweren Unterzuckerungen kommen

Abb. 8:
Übergewicht erhöht den Insulinbedarf. Beim Typ II-Diabetes kommt es nach einer Gewichtsreduktion zu einer deutlichen Stoffwechselverbesserung.

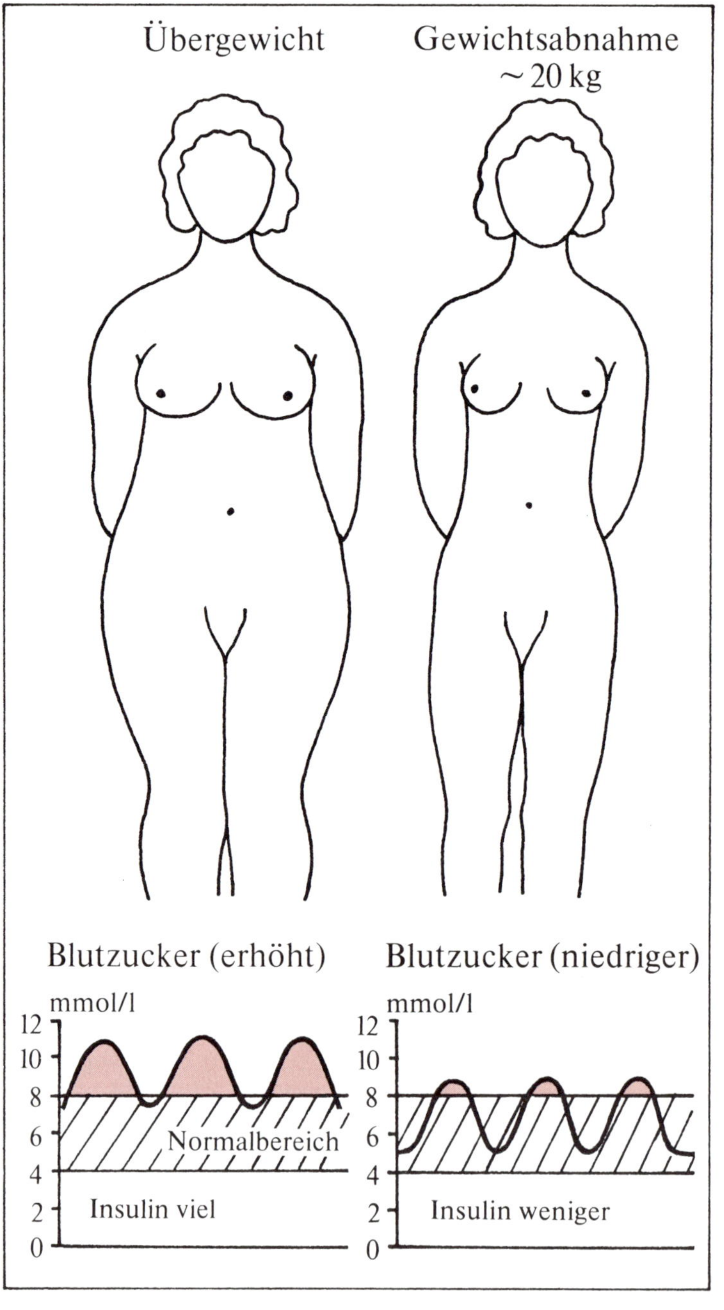

kann. Bei einer intensivierten Insulintherapie darf ein Tag gefastet werden, weil der Basalbedarf an Insulin getrennt vom Mahlzeitenbedarf gegeben wird (s. S. 76). Für die Überprüfung des kalkulierten Basalinsulins sollte in der Einstellungsphase einmal gefastet werden. Häufige Blutzuckerkontrollen, flexible Insulinanpassung und ausreichendes Trinken (ca. 2 l) sind unbedingte Voraussetzungen.

Beim Fasten nur Basalbedarf mit Insulin abdecken

Die Durchführung von Kohlenhydrattagen und Fastentagen sollten insulinbehandelte Diabetiker mit einem erfahrenen Diabetesarzt vorher beraten. Ebenso bedürfen »Abmagerungsdiäten« einer diabetologischen Beratung.

Eine kleine Schlemmerei gehört zum Leben! Sie kann, in großen Abständen und unter Beachtung bestimmter Voraussetzungen, nicht schaden. Die Ausgangssituation des Stoffwechsels muß gut sein. Für den Typ I-Diabetiker ist eine Anpassung der Insulindosis erforderlich, damit der Blutzucker normnahe bleibt. Der übergewichtige Typ II-Diabetiker hat die Gesamtenergiebilanz (Kalorien) zu beachten. Gut macht sich die Kombination von Schlemmerei mit vermehrter Muskelaktivität (z.B. Tanz, Fahrradfahren etc.).

Diät bei gleichzeitiger Fettstoffwechselstörung, d.h. konsequente Einhaltung der genannten 7 Regeln (s. S. 31) der gesunden Ernährung, kann in vielen Fällen zur normalen Konzentration von Fett im Blut führen. Schwerpunkte sind: die Normalisierung des Körpergewichtes und die drastische Reduktion der tierischen Fette in der Nahrung.

Bei erhöhten Blutfetten ist ein normales Körpergewicht oft wichtiger als Medikamente

Nierendiät

Sie ist erforderlich, wenn die Leistung der Nieren eingeschränkt ist. Diese Kost soll sowohl dem Diabetes als auch der Nieren-

Zuviel Eiweiß belastet die Nieren

erkrankung Rechnung tragen. Eiweißarm, kalorienreich und Berücksichtigung bestimmter Mineralstoffe (z.B. Kalium) sind die wichtigsten Gesichtspunkte. Die genaue Diät hängt vom Stadium der Nierenerkrankung ab und wird aktuell vom Arzt festgelegt.

Alkoholaufnahme ist oft Ursache schwerer Unterzuckerung

Alkohol hat einen hohen Energiewert (s. Tab. 5) und wirkt sich schädlich auf Nervensystem, Leber und andere Organe aus. Zurückhaltung ist deshalb notwendig. In kleineren Mengen ist er auch für Diabetiker nicht schädlich. Alkohol kann unter bestimmten Bedingungen den Blutzucker senken, denn er hemmt die Freisetzung und die Neubildung von Zucker in der Leber. Alkohol kann daher schwere Schocks verursachen, besonders wenn gleichzeitig vermehrte Muskeltätigkeit stattfindet (z.B. Fest mit Tanz).

Gelegentlich ein Glas Rotwein kann Blutfette verbessern.

Insulin und die Behandlung des Diabetes

Insulin wurde 1921 durch die Kanadier BANTING und BEST entdeckt. 1922 erhielt erstmals ein Diabetiker, ein kleiner Junge, Insulin gespritzt. Er überlebte, während bis dahin alle jüngeren Diabetiker unweigerlich im Koma, d.h. in einer schweren Stoffwechselentgleisung, starben. Insulin ist ein Eiweiß. Eine Einnahme in Tablettenform würde zu einer Zerstörung der Wirkstoffe führen. Es muß deshalb gespritzt (injiziert) werden.

Insulinpräparate und ihre Wirkung

Tierische Insuline, Humaninsulin

Insulin wurde bis in die achtziger Jahre ausschließlich aus den Bauchspeicheldrüsen von Tieren (Schwein und Rind) gewonnen. Inzwischen ist es gelungen, Insuline herzustellen, die in ihrem chemischen Aufbau dem menschlichen Insulin gleichen (Humaninsulin). Ihre Herstellung (Synthese) erfolgt hauptsächlich in Bäckerhefe oder in Bakterien. Durch gezielte Manipulation werden diese Mikroorganismen zur Bildung von Humaninsulin veranlaßt (gensynthetisiertes Insulin). Mit diesen modernen Herstellungsverfahren steht Insulin billiger und unbegrenzt sowie ohne die Gefahr, daß durch Tiermaterial Krankheiten übertragen werden, zur Verfügung.

Kein wesentlicher Unterschied zwischen Human- und Schweineinsulin

Mit modernen Reinigungsverfahren produziertes Schweineinsulin ist dem Humaninsulin in seiner Wirkung und Verträglichkeit ebenbürtig, zumal sich seine chemische Struktur in nur einer von 51 Aminosäuren unterscheidet. Humaninsuline wirken in der Regel geringfügig kürzer als Schweineinsuline.

Analoginsuline

Die Forschung beschäftigt sich mit der Herstellung von neuen Insulinen, die dem Humaninsulin in bestimmten Eigenschaften überlegen sein sollen. Dazu werden gezielte Änderungen am Molekül vorgenommen (Derivate, Analoga). Ziel war es, einerseits ein echtes Basalinsulin und andererseits ein sehr kurz wirkendes Mahlzeiteninsulin zu schaffen. Letzteres kann unmittelbar vor dem Essen oder zum Essen gespritzt werden. Seine Wirkung ist etwa gleichzeitig mit der Mahlzeitenaufnahme ins Blut beendet.

Wunschinsuline sind in Entwicklung

Der *Wechsel von Insulinpräparaten* (ob anderer Hersteller, ob anderes Depotinsulin oder der Wechsel zwischen Tierinsulin, Humaninsulin oder Analoginsulin oder Änderung der Einstellung) kann zu einer Änderung des Insulinbedarfs führen. Auch die Empfindung für eine herannahende Unterzuckerung kann sich wandeln, so daß plötzlich schwere Hypoglykämien nicht mehr rechtzeitig bemerkt werden. In einer derartigen Umstellungsphase sind deshalb erhöhte Aufmerksamkeit und regelmäßige Selbstkontrollen unerläßlich. Es kann durchaus einmal vorkommen, daß ein Diabetiker nur mit »seinem« speziellen Insulinpräparat zurechtkommt. Dann sollte er dabei bleiben, auch wenn es nicht das neueste Insulin ist. Nur muß man auch wirklich sicher sein, daß die Stoffwechselführung gut ist. Um das beurteilen zu können, sind neben den Selbstkontrollen am Tage auch Bestimmungen des HbA_{1c} und des nächtlichen Blutzuckers notwendig.

Achtung bei Wechsel von Insulinpräparaten

Bei sehr guter Einstellung kein Grund zum Präparatewechsel

Nicht vom Insulinpräparat, sondern von seiner Handhabung – zusammen mit Selbstkontrolle, Ernährung und Muskeltätigkeit – hängt eine gute Führung des Diabetes ab.

Kurz wirkende Insuline und Verzögerungsinsuline
Nach ihrer Wirkungsdauer unterscheidet man folgende Insulinpräparate (Tab. 8 a–c):

Normalinsulin (= Altinsulin = Regularinsulin) wirkt schnell und kurz. Wirkungsbeginn nach etwa 30 Minuten. Wirkungsmaximum 2 bis 3 Stunden, Wirkungsdauer je nach Dosis 2 bis 6 Stunden nach Injektion. Es sind immer klare Lösungen. Besonders kurz wirkendes *Analoginsulin* ist in Tab. 8a aufgeführt.

Verzögerungsinsulin (Depotinsulin) gelangt langsamer aus den Injektionsstellen in die Blutbahn. Insulin ist dabei an Verzögerungsstoffe gebunden, oder es liegt als Aufschwemmung kleiner Teilchen (z.B. Kristallsuspension) vor. Die Aufschwemmungsinsuline sind immer trüb und müssen vor jeder Injektion kräftig drehend aufgeschüttelt werden. Man unterscheidet innerhalb der Verzögerungsinsuline mittellang wirkende (Intermediärinsuline, Tab. 8b) und lang wirkende Verzögerungsinsuline (Tab. 8c).

Alle trüben Insuline müssen vor dem Spritzen aufgeschüttelt werden

Mischinsuline (Tab. 8b) bestehen aus einem Anteil Normalinsulin und einem Anteil Verzögerungsinsulin (NPH-Insulin), so daß sowohl ein schneller Effekt als auch eine langsame Wirkung vorhanden sind.

Eine Einheit (1 E) Insulin ist eine international standardisierte Menge an Insulin mit einer genau festgelegten Wirkung. Alle Insulinhersteller richten sich nach diesem Standard.

Tabelle 8: Insulinpräparate und ihre Wirkungszeit

a) Kurzwirkende Insuline (Normalinsuline und Analoginsulin)

Ungefähre Wirkungszeit in Stunden

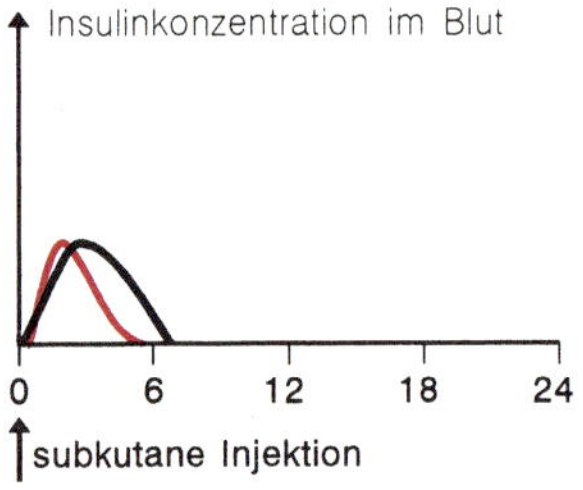

Beginn	Wirkungs-Maximum	Dauer
<0,10	<2	2-4
0,5	2-4	6

Humaninsuline

Insulin Actrapid HM Insulin Velasulin Human	1)
H-Insulin Hoechst H-Tronin (für Insulinpumpen)	2)
Huminsulin Normal	3)
Berlinsulin Normal	4)

Tierinsuline

Insulin Velasulin MC	(S)	1)
Insulin Hoechst Insulin S Hoechst	(R) (S)	2)
Insulin S Berlin Chemie Insulin SNC	(S) (S)	4)

Analoginsulin

Humalog	(3)

b) Mittellangwirkende Verzögerungsinsuline

Ungefähre Wirkungszeit in Stunden

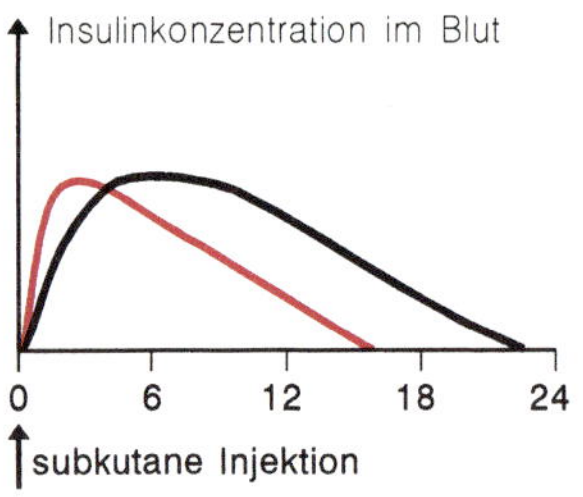

Beginn	Wirkungs-Maximum	Dauer
<1	2- 6	14
1	4-10	20

Anteil von Normalinsulin %

Humaninsuline

	0	10	20	30	40	50	
Insulin Protaphan HM	0						1)
Insulin Actraphane HM		10	20	30	40	50	1)
Insulin Insulatard Human	0						1)
Insulin Mixtard Human				30			1)
Basal-H-Insulin Hoechst	0						2)
Depot-H15-Insulin Hoechst			15				2)
Depot-H-Insulin Hoechst				25			2)
Komb-H-Insulin Hoechst						50	2)
Huminsulin Basal	0						3)
Huminsulin Profil I, II, III, IV, V		10	20	30	40	50	3)
Berlinsulin H Basal	0						4)
Berlinsulin H		10	20	30	40	50	4)

Tierinsuline

Insulin Semilente MC	(S)	0						1)
Insulin Insulatard MC	(S)	0						1)
Insulin Rapitard MC	(S/R)				30			1)
Insulin Mixtard MC	(S)				30			1)
Depo-Insulin S Hoechst	(S)	0						2)
Depot-Insulin Hoechst	(R)	0						2)
Komb-Insulin S	(S)				33			2)
Komb-Insulin	(R)				33			2)
B-Insulin S	(S)	0						4)
B-Insulin S.C	(S)	0						4)
L-Insulin S.N.C	(S)	0						4)

c) Langwirkende Verzögerungsinsuline

Ungefähre Wirkungszeit in Stunden

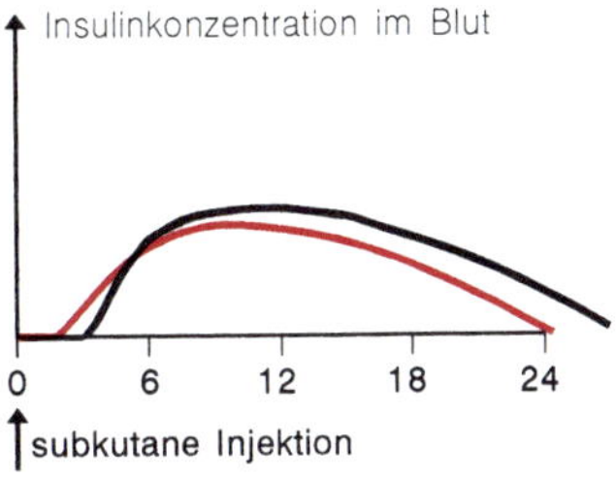

Beginn	Wirkungs-Maximum	Dauer
1,5	4- 8	24
>3	6-10	>24

	ohne Anteil von Normalinsulin %
Humaninsuline	
Insulin Ultratard HM	1)
Huminsulin Long	3)
Huminsulin Ultralong	3)
Tierinsuline	
Insulin Novo Lente MC (S/R)	1)
Insulin Ultralente (R)	1)

Schnellere Wirkung, weil diese Präparate infolge ihrer besonderen Eigenschaften schneller ins Blut übergehen, z.B. durch einen höheren Anteil an Normalinsulin

S = Schwein R = Rind

1) Novo Nordisk*) 2) Hoechst AG 3) Lilly 4) Berlin Chemie AG

*) Humaninsuline dieses Herstellers sind gezeichnet mit "ge" ≙ Gensynthetisiert

Faktoren, die die Insulinwirkungszeit beeinflussen

Insulin wird von gut durchbluteten Spritzstellen schneller ins Blut transportiert

Insulin gelangt aus dem Unterhautfettgewebe über die feinsten Äderchen in die Blutbahn. Auf diesen Prozeß wirken viele Faktoren ein (Abb. 9). So wird Insulin bei einer guten Durchblutung der Spritzstellen schneller abtransportiert, d.h., es wirkt früher und kürzer. Am schnellsten wird es aus der Bauchhaut aufgenommen (5 bis 10 Minuten schneller). Schwankungen der Wirkungszeit beim gleichen Insulinpräparat von Tag zu Tag sind die Regel. Auch wirken kleine Dosen immer kürzer als große Dosen des gleichen Präparates. So senken z.B. 4 E Normalinsulin den Blutzucker höchstens 4 Stunden, 16 E wirken

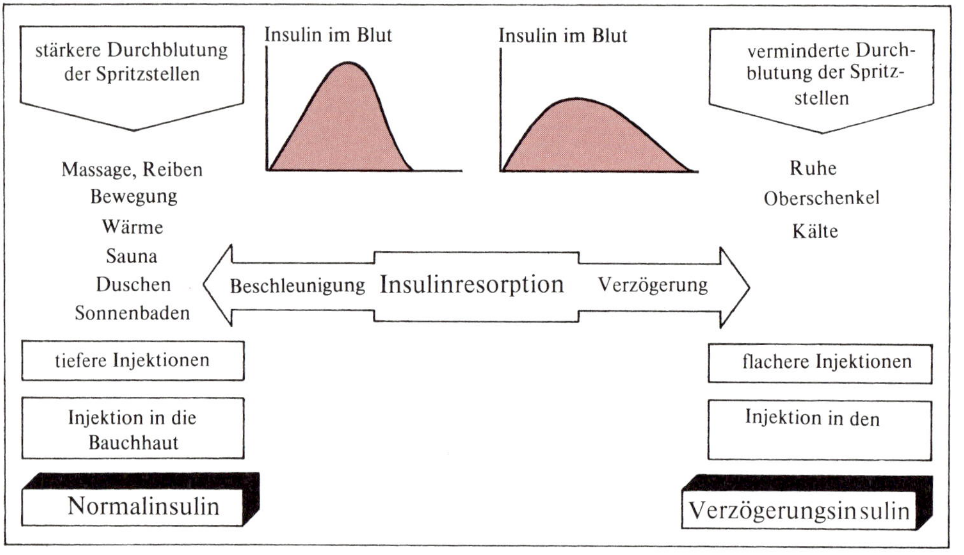

Abb. 9: Faktoren, die die Aufnahme des Insulins aus dem Unterhautfettgewebe beeinflussen.
Je besser die Durchblutung ist, um so schneller strömt das Insulin aus dem Unterhautfettgewebe in die Blutbahn.

dagegen mindestens 6 Stunden (Abb. 10). Das Aufteilen (Splitten) von Insolindosen erhöht ihren Effekt (Abb. 10).

Konzentration der Insulinpräparate

Insulinkonzentrationen und Injektionstechniken müssen immer übereinstimmen

Alle Humaninsuline sind in den Konzentrationen 40 E/ml und 100 E/ml und die tierischen Insuline meist in den Konzentrationen 40 E/ml verfügbar. Man spricht vereinfacht von »U 40« oder »U 100«, Unit = Einheit). Entsprechende Spritzen, Pens und Insulinpumpen sind immer nur für die angegebene Konzentration zu verwenden. Bereits in der Apotheke muß die Übereinstimmung geprüft werden. Falls ein Diabetiker im Notfall, z.B. auf Reisen, einmal auf andere (dort übliche) Insulinpräparate oder Spritzen angewiesen sein sollte, muß er sich *unbedingt genau über die jeweilige Insulinkonzentration und die Skaleneinteilung der fremden Spritzen informieren.* Es

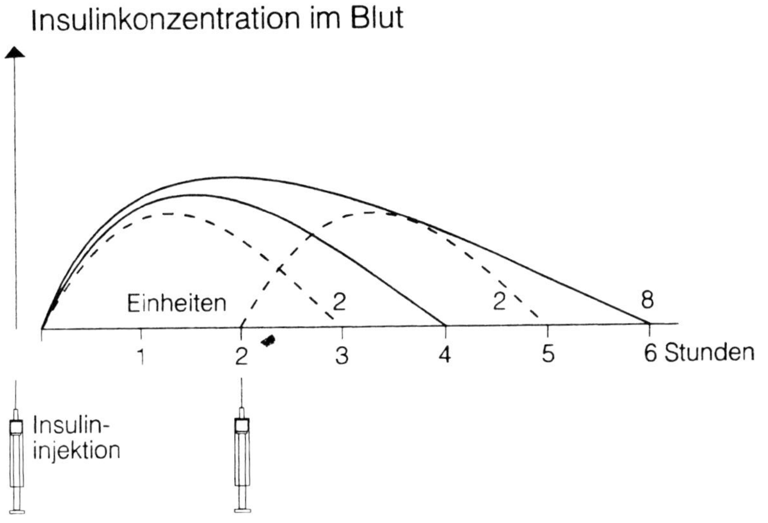

Abb. 10: Kleine Insulindosen wirken kürzer als große Insulindosen.
Kleine Insulindosen sind schneller aus der Blutbahn verschwunden als größere Dosen des gleichen Präparates. Eine Aufteilung (Splitten) der Insulindosen bringt einen größeren Effekt. 2 mal 2 E Insulin wirken stärker als 1 mal 4 E Insulin.

Es besteht sonst die Gefahr von schwerwiegenden Fehldosierungen. Eine Orientierung zur Umrechnung ist aus Tabelle 9 zu entnehmen.

Achtung!

- U 40 Insulin (Konzentration 40 E pro ml) darf nur in einem Pen oder einer Spritze für U40 verwandt werden!
- U100 Insulin (Konzentration 100 E pro ml) darf nur in einem Pen U100 verwandt werden!
  Sonst besteht die Gefahr der Überdosierung (250%!) oder der Unterdosierung (40%!). In Ausnahmesituationen, wenn die richtigen Pens nicht verfügbar sind, muß man umrechnen (s. Tabelle 9).

Tabelle 9: **Umrechnung, wenn Insulinkonzentration und Spritzen (Pens) nicht übereinstimmen (für den Notfall)**

Im Notfall kann umgerechnet werden, wenn Insulin und Spritzen nicht zusammenpassen

Haben Sie ein Insulin	und eine Spritze (Pen) für	bedeutet 1 E auf der Skala (Faktor)
U–100	U– 40	2,5 E
U– 40	U–100	0,4 E

Aufbewahrung und Mitnahme von Insulinampullen

Neu erworbenes Insulin wird lichtgeschützt bei 4 bis 10 °C aufbewahrt. Das wäre z.B. im Gemüse- oder Butterfach des Kühlschranks oder einem kühlen Keller möglich. Die in *Benutzung befindlichen Insulinampullen* (auch im Pen) können etwa 2 bis 3 Wochen bei Zimmertemperatur aufbewahrt bzw. getragen werden. Von Insulin (einschließlich der Ersatzampulle) und »Schockzucker« darf ein Diabetiker sich niemals trennen. Dabei muß das Insulin immer vor stärkeren Temperaturschwankungen (z.B. am Strand, bei der Wanderung, beim Wintersport, im Laderaum von Flugzeugen oder im fremden Kühlschrank) und vor Sonne geschützt werden. Eingefrorenes Insulin darf nicht wieder verwendet werden, denn seine Wirkung ist vermindert. Verändert Insulin sein Aussehen, muß es verworfen werden. Klare Insuline dürfen nicht trüb sein, trübe Insuline dürfen nicht klar oder flockig werden. Derart veränderte Insulinpräparate müssen dem Arzt oder Apotheker gezeigt und dann verworfen werden.

Insulin »erfriert« im Transportraum von Flugzeugen

Insulin bei 4 bis 10 °C aufbewahren!
Es verliert an Wirkung durch
- Überlagerung,
- Einfrieren,
- Erwärmen,
- direkte Sonneneinstrahlung.

Insulininjektionen

Insulin wird in das Unterhautfettgewebe (Subcutis) gespritzt (injiziert, subkutane Injektion (s. Abb. 11). **Das Abwischen der Haut mit Alkoholtupfern ist unter unhygienischen Bedingungen und im Krankenhaus notwendig.** Bei guter Körperpflege kann der Diabetiker zu Hause darauf verzichten. Bereits benutzte Spritzen, Kanülen oder Pens dürfen niemals von anderen verwendet werden. Es besteht sonst die Gefahr der Übertragung von Krankheitserregern. Spritzen und Pens sind deshalb auch vor dem Wegwerfen unbrauchbar zu machen. Jeder insulinbehandelte Diabetiker muß die normale Injektionstechnik mit Spritzen einmal gelernt haben, auch wenn er täglich mit einem Pen oder einer Pumpe arbeitet.

Trotz eines bequemen Pens muß man mit einer Insulinspritze umgehen können

Bereitlegen des Zubehörs
Insulinampulle
Insulinspritze
(längere Kanüle zum Aufziehen, Injektionskanüle, Pinzette)[1]

Aufziehen des Insulins (s. Abb. 11)

- Trübe Insuline immer unmittelbar vor dem Aufziehen drehend schüteln (a).
- (Aufziehkanüle auf die Spritze aufstecken).[1]
- In die leere Spritze soviel Luft aufziehen, wie Insulin aufgezogen werden soll (b).
- Kanüle in die stehende Ampulle einstechen und die Luft in die Ampulle spritzen (c), Kolben dabei festhalten.
- Spritze und Insulinampulle umdrehen, d.h., die Spritze ist jetzt unten und die Ampulle oben. Die Kanülenspitze muß in der Flüssigkeit der Ampulle liegen (d).
- Insulin langsam aufziehen. Dabei müssen stets 2 bis 4 E mehr aufgezogen werden, als gespritzt werden sollen.

[1] Nur wenn die Spritzen ohne aufgeschweißte Kanüle verwendet werden.

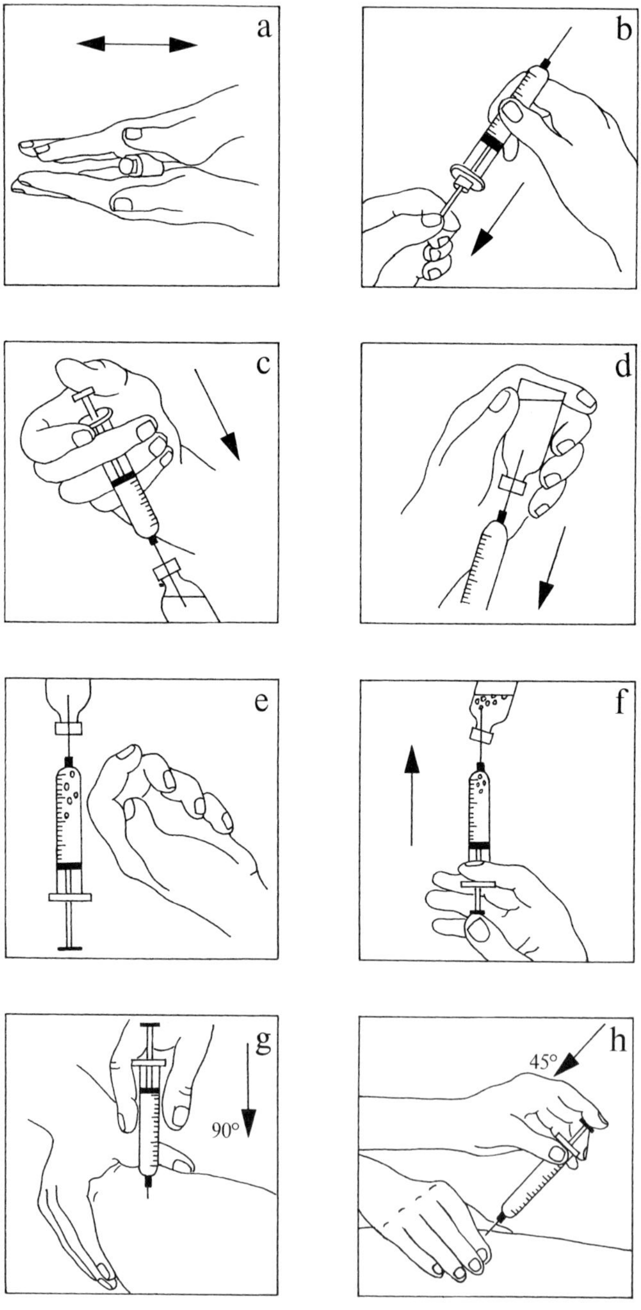

Abb. 11: Spritztechnik (Erklärungen a–h im Text)

• Spritze mit der aufgesetzten Ampulle gegen das Licht halten und mit dem Finger abklopfen (e), damit die Luftbläschen nach oben steigen.
• Luft und zuviel aufgezogenes Insulin werden in die Ampulle zurückgespritzt. Insulin ist sehr teuer. Es darf nicht vergeudet werden (f).
• (Bei Entnahme von Insulin aus der Ampulle mit einer Aufziehkanüle ist zu beachten, daß die Spritze nach dem Abspritzen der Luft in die Ampulle noch knapp 2 E Insulin mehr enthält, als eigentlich gespritzt werden soll. Die exakte Dosiseinstellung wird erst nach dem Aufsetzen der Injektionskanüle vorgenommen. Dabei wird die Injektionskanüle mit Insulin gefüllt.)[1]

Eine Insulinspritze ist dann exakt vorbereitet worden, wenn sie vom Kolben bis zur Spritze der Injektionskanüle luftblasenfrei mit Insulin gefüllt ist.

Injektion des Insulins (mit Spritze oder Pen)

Insulin nicht zu tief und nicht zu flach spritzen

Insulin ist in der Regel in das Unterhautfettgewebe zu spritzen. Gerät es zu tief, d.h. in die Muskulatur, so wirkt es in wenigen Minuten. Eine derart schnelle und kurze Wirkung kann z.B. in Ausnahmesituationen sogar erwünscht sein. Sehr flache Injektionen (Bildung einer Schwellung während der Injektion) sind meist schmerzhaft und verursachen häufiger Reaktionen an den Spritzstellen (Rötung, Verhärtung usw.). Die Wirkung ist dann nicht nur verzögert, sondern auch vermindert (Abbau des Insulins durch die Entzündung).
• Mit Daumen und Zeigefinger der linken Hand ist eine Falte zu drücken oder die Haut straffzuziehen (Abb. 11).
• Rasches und schräges Einstechen. Kürzere Kanülen können in dicke Hautschichten senkrecht eingeführt werden (g), längere

[1] Nur wenn Spritzen ohne aufgeschweißte Kanüle verwendet werden.

Personen und bei Kindern kann das Insulin bei senkrechtem Einstechen schnell in die Muskelschichten geraten. Die gleiche Gefahr besteht am Oberarm, da ohne dritte Hand keine Hautfaltenbildung möglich ist.

- Kolben leicht abziehen, fließt Blut in die Spritze, muß die Lage der Kanüle geändert werden.
- Insulin einspritzen, einige Sekunden warten (bis 8 zählen).
- Spritze schnell herausziehen, sofort fest auf die Einstichstelle drücken. Ein Zurückfließen des Insulins wird damit verhindert. Sollte doch einmal Insulin aus der Einstichstelle zurückfließen oder aus einer undichten Spritze herauslaufen (1 Tropfen Insulin entspricht ungefähr 2 E bei U 40 oder 5 E bei U 100), müßten 2 bis 4 Einheiten nachgespritzt und der Blutzucker kontrolliert werden.

Beim Spritzen mit dem Pen bis 8 zählen, bevor die Kanüle herausgezogen wird

Spritzregionen, Spritzstellen

In der Bauchhaut – schnelle Insulinwirkung. In der Haut am Oberschenkel – langsame Insulinwirkung

Die Körperregionen, in die üblicherweise das Insulin gespritzt wird, sind in Abb. 12 dargestellt. Die Einstichstellen müssen gewechselt werden. Denn häufige Injektionen in eine Stelle können zu Verhärtungen und damit zur Verminderung der Insulinwirkung führen. Zu einer bestimmten Tageszeit sollte immer in die gleiche Körperregion gespritzt werden.

Beispiele: Bei hohen Blutzuckerwerten morgens möchten wir, daß das Insulin schnell zur Wirkung kommt – also morgens in die Bauchhaut spritzen. Das Nachtinsulin soll möglichst lange wirken – also gehört es besser in die Haut am Oberschenkel oder am Gesäß.

Spritzstellenveränderungen (Fettgewebsschwund, Verhärtungen, Entzündungen) sind meist auf die Unverträglichkeit des jeweiligen Insulinpräparates oder auf eine falsche Spritztechnik zurückzuführen. Die Hautveränderungen sollten dem Arzt vorgestellt werden.

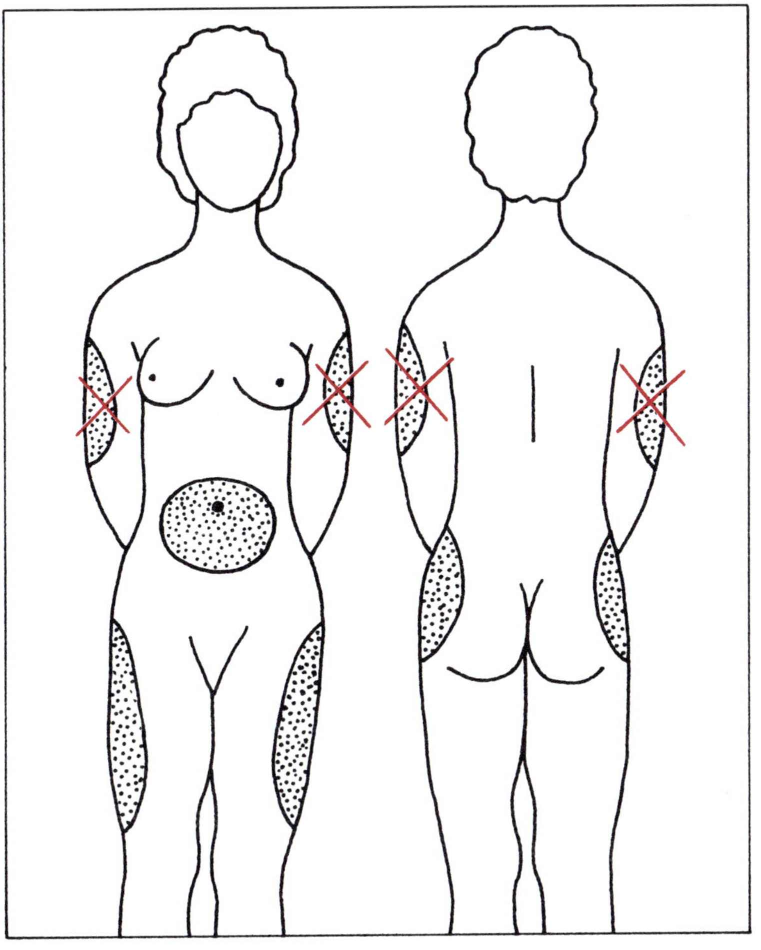

Abb. 12: Spritzregionen
Zu gleichen Tageszeiten möglichst gleiche Körperregionen zur Injektion wählen (z.B. morgens Bauch, abends Oberschenkel usw.). Die Spritzstelle in der Haut muß jedoch immer gewechselt werden (Gefahr von Verhärtungen). Am Oberarm ist die Gefahr, daß die Kanülenspitze in die Muskulatur gerät, am größten. Denn es fehlt die dritte Hand zur Bildung einer Hautfalte.

Injektion mehrerer Insuline gleichzeitig

In bestimmten Situationen (z.B. morgens, wenn das Basis-Bolus-Prinzip gehandhabt wird) kann die gleichzeitige Gabe von zwei verschiedenen Insulinpräparaten notwendig sein.

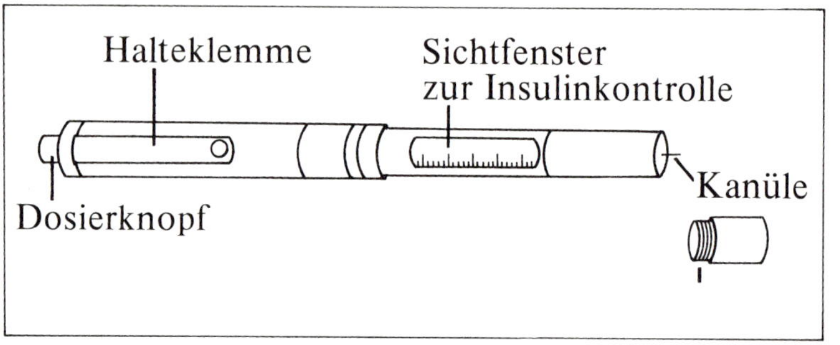

Abb. 13: Insulin-Pen (schematische Zeichnung)

Immer Ersatzspritze mitnehmen

- Auf Reisen sollte man eine Ersatzspritze und das entsprechende Insulin mitnehmen

Das kann über zwei völlig getrennte Injektionen erfolgen oder über eine Kanüle mit zwei getrennten Spritzen. Zuerst wird das Normalinsulin gespritzt, dann die Lage der Kanüle verändert und danach das Depotinsulin mit der nächsten Spritze verabreicht. Man erreicht so, daß die beiden Insulinsorten nicht in die gleichen Gewebsabschnitte gelangen.

Mischungen von Insulin dürfen nur mit neutralen Insulinpräparaten (vom gleichen Hersteller) vorgenommen werden. Erst ist das Normalinsulin, dann das Verzögerungsinsulin aufzuziehen, dann durch kräftige Drehbewegungen mischen und sofort (!) injizieren.

Insulinspritzen, Insulin-Pens, Fertigspritzen

Die Technik kann gestört sein – immer kontrollieren

Pens sind gestaltet wie ein Füllfederhalter. Sie enthalten ein Reservoir, aus dem per Knopfdruck oder -drehung Insulin abgegeben wird (Abb. 13). Pens mit Patronen enthalten Humaninsulin in der Konzentration 100 E/ml (U 100). Die speziellen Pens sind in der Regel nur mit firmeneigenen Insulinpatronen paßfähig. Bei Versagen der Technik, unexakter Handhabung und Nichtbeachtung von Luftblasen kann es zu fehlerhafter Insulindosierung kommen. Für einen plötzlichen Defekt eines Pens muß immer ein Ersatz vorhanden sein. Das gilt auch für unterwegs.

Tabelle 10: **Pens mit Patronen fertig vorgefüllte Spritzen**

Bezeichnung	Insulin-Reservoir Patrone (ml)		Dosierschritte (E)	Anbieter
	1,5	3,0		
	»Fertigspritze«			
NovoLet	+	+	2	
NovoPen I	+		1*	1
NovoPen II	+	+	1	
Optipen		+	1/2/4	2
Optipen Starlet		+	1/2/4	
	»Fertigpen«			
Lilly HumaJect		+	2	
BD-Pen	+	+	1	
POP-Pen	+	+	1	3
Lilly Diapen	+		1/2	
Lilly Autopen	+	+	1/2	
Berlipen	+	+	1/2	4

* keine Dosisvorwahl

1 Novo Nordisk
2 Hoechst AG
3 Lilly
4 Berlin Chemie AG

Am einfachsten ist es, zwei Einmalgebrauchsspritzen (für die gleiche Insulinkonzentration!) griffbereit zu haben. Entweder kann mit ihr das Insulin aus der Patrone entnommen werden, oder es muß immer eine Insulinampulle (Achtung: gleiche Insulinkonzentration wie die Spritze) vorhanden sein. Eine Entnahme von Insulin mit einer Spritze aus einer Patrone muß vorher geprüft werden, da einige Kanülen für die dicken Stopfen der Patronen zu kurz sind.

Jede neue Technik will gelernt sein

In nachfüllbaren Pens (D Disetronicpen oder MADI/Meta) können alle klaren Insuline entsprechender Konzentration

(U 100 oder U 40) verwandt werden. Sie lassen sich darüber hinaus als sogenannte Katheter Pens wie eine handgetriebene Insulinpumpe mit Perfusionskatheter am Körper tragen.

Bei hohem Blutzucker ist der Spritz-Eß-Abstand zu verlängern

Die Injektionszeiten der Insuline liegen in der Regel vor den Hauptmahlzeiten. Insgesamt kann jedoch ein wohlüberlegter zeitlicher Einsatz (sogenanntes »timing«) der Injektionen die Qualität der Diabetesführung deutlich verbessern. So kann eine Verlängerung des Spritz-Eß-Abstandes bei hohen Blutglucose-Konzentrationen einen weiteren Anstieg der Blutglucose nach der Nahrungsaufnahme vermindern. Umgekehrt sollten bei niedrigen Blutzuckerwerten vor den Mahlzeiten der Abstand zwischen Injektion von Insulin und Nahrungsaufnahme verkürzt werden. Auch sollte in der Regel die erste Injektion von Insulin am Morgen stets so früh wie möglich (gleich nach dem Aufwachen) und das Basalinsulin für die Nacht so spät wie möglich (unmittelbar vor dem Schlafengehen) injiziert werden.

	Ungefährer Spritz-Eß-Abstand*		
Insulinpräparat	In der Regel vor dem Essen spritzen (Minuten)	Bei Blutzucker unter 5,0 mmol/l	Blutzucker über 12 mmol/l
Normalinsulin	20–30	sofort essen	~ 15 min länger als üblich mit dem Essen warten
Verzögerungsinsulin	20–45	sofort essen	
Analoginsulin mit kurzer Wirkung (Lys Pro Insulin)	direkt zum Essen spritzen	nach dem Essen spritzen	10–15 min mit dem Essen warten

* Eigene Erfahrungen müssen berücksichtigt werden.

Die Behandlung mit Insulin

Mit dem Spritzen von Insulin soll beim Diabetiker die Insulinabgabe aus der Bauchspeicheldrüse (Insulinsekretion) eines gesunden Menschen so gut wie möglich nachgeahmt werden.

Die Insulinsekretion des Gesunden

Die Insulinsekretion beim gesunden Menschen besteht aus zwei Komponenten.

Auch ohne Nahrung wird immer Insulin benötigt = Basalbedarf

- Die **Basalsekretion ist die Insulinabgabe im Nüchternzustand.** Insulin muß immer vorhanden sein, um die unablässig tätigen Körperzellen für Glucose und Aminosäuren zu öffnen und um die Abgabe von Zucker aus der Leber in Grenzen zu halten (=*Basalbedarf an Insulin*). So wird beim gesunden Menschen Tag und Nacht ununterbrochen (kontinuierlich) Insulin abgegeben (ungefähr eine Einheit pro Stunde).

  Dabei paßt sich der Körper einem unterschiedlichen Bedarf an Basalinsulin an. Bei Muskeltätigkeit wird weniger Insulin benötigt (Ausdauersportler haben niedrige Insulinwerte im Blut). In Zeiten hohen Basalbedarfs (Erkrankungen, Schwangerschaft, Wachstum, Pubertät, Übergewicht u.a.) wird mehr Insulin abgegeben.

Nach Nahrungsaufnahme beim Gesunden stoßartige Insulingabe

- Die **nahrungsabhängige (prandiale) Insulinsekretion** erfolgt dagegen stoßartig. Sie wird ausgelöst durch den Einstrom von Glucose und Aminosäuren aus der verdauten Nahrung ins Blut. Dieses Mehr an Insulin sorgt für die sofortige Aufnahme dieser Nahrungsbausteine in die Körperzellen und damit für eine ausgeglichene Blutzuckerkonzentration.

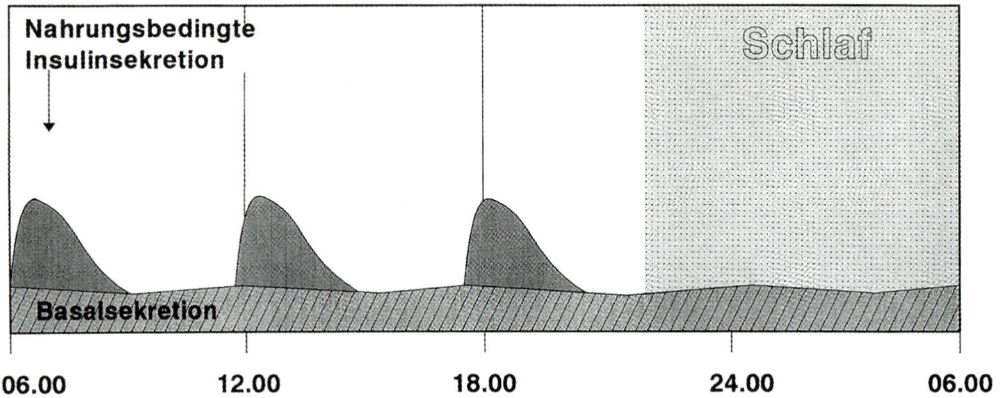

Abb. 14: Insulinsekretion beim Gesunden (3 Mahlzeiten)
- Die Basalsekretion deckt rund um die Uhr ununterbrochen den Nüchternbedarf ab.
- Die nahrungsabhängige Sekretion erfolgt stoßartig (s. S. 69).

Dämmerungsphänomen – Biologischer Rhythmus der Insulinwirkung

Frühmorgens und am späten Nachmittag sind vor allem beim Typ I-Diabetes oft hohe Blutzuckerwerte zu beobachten. Auch sind morgens oft höhere Insulindosen als mittags notwendig, um eine KHE abzudecken bzw. um den Blutzucker zu senken. Diese Phasen werden als *Dämmerungsphänomen* oder als *dawn-* (Sonnenaufgang) bzw. *dusk-* (Sonnenuntergang) *phenomenon* bezeichnet.

Insulin wirkt mittags und um Mitternacht wesentlich stärker als am frühen Morgen

Ursachen:
- Die Wirkung der abendlichen Insulindosis läßt gegen Morgen nach. Es entsteht eine »Insulinlücke«.
- Die Insulinempfindlichkeit ist einem *biologischen Tagesrhythmus* unterworfen. Dieser ist auf die unterschiedliche Sekretion von Hormonen zurückzuführen, die dem Insulin entgegenwirken (z.B. von Wachstumshormon).
- Eine nächtliche Unterzuckerung kann den Blutzucker morgens durch die nachfolgende Gegenregulation erhöhen.

Die Strategie der Insulinbehandlung bei den beiden Diabetestypen

Typ I-Diabetes – kompletter Insulinersatz ist lebensnotwendig

• Beim **Typ I-Diabetes** müssen Insulinspritzen die komplett ausgefallene Eigensekretion lückenlos ersetzen, d.h., Insulinpräparate müssen sowohl den ständigen Basalbedarf als auch den nahrungsbedingten Insulinbedarf abdecken. Die Körperzellen reagieren empfindlich auf Insulin: Ein Mangel an Insulin führt sofort zur Blutzuckererhöhung und Acetonbildung, eine Überdosierung dagegen schnell zur Unterzuckerung.

Nur während einer kurzen Phase (Wochen bis Jahre) nach Beginn der Insulinbehandlung wird noch eigenes Insulin produziert, der Diabetes ist in dieser Zeit leichter führbar. Deshalb wird diese Phase als *initiale Besserungsphase* oder im Englischen als *»honeymoon«* (Flitterwochen) des Diabetes bezeichnet (s. S. 25).

Typ II-Diabetes – oft geminderte Insulinwirkung und Störung der Insulinsekretion

• Beim **Typ II-Diabetes** ist oftmals selbst nach langer Dauer noch eigenes Insulin vorhanden. Seine Wirkung ist jedoch gemindert. Die Behandlung dieser Insulinresistenz muß deshalb beim Typ II-Diabetiker immer im Mittelpunkt bleiben (s. Abb. 8, S. 50). Insulin ist als Hilfe notwendig, wenn das eigene Insulin trotz der Basisbehandlung und trotz Tabletten nicht mehr ausreicht. Es gilt rechtzeitig damit zu beginnen, denn eine ständig erhöhte Konzentration des Blutzuckers wirkt wie Gift (glucotoxischer Effekt). Sie schädigt die Insulinbildung in der Bauchspeicheldrüse, verstärkt die Insulinresistenz und fördert die Komplikationen. Andererseits fördert ein Zuviel an Insulin die Fettbildung (auch im Blut).

Achtung! Eine notwendige Insulintherapie aus Angst vor dem Spritzen immer wieder hinauszuzögern kann nicht wiedergutzumachenden Schaden anrichten.

Insulinbehandlung des Typ I-Diabetes:
- Von Anfang an kompletter Ersatz des basalen und des prandialen Insulinbedarfs.

Insulinbehandlung des Typ II-Diabetes:
- Basisbehandlung (Erhöhung der Muskelaktivität, gesunde Ernährung, normales Körpergewicht) zur Senkung der Insulinresistenz muß immer im Mittelpunkt stehen.
- Insulin (als Ausgleich für den relativen Mangel) rechtzeitig beginnen, sowenig wie möglich, soviel wie nötig.

Die Methoden der Insulintherapie

70 Jahre Insulinbehandlung – keine großen Neuentdeckungen, aber große Fortschritte

Seit der ersten Insulinanwendung (Februar 1922) haben sich die Methoden der Insulintherapie langsam weiterentwickelt. Irrwege und Erfahrungsgewinn auf Kosten der Patienten blieben nicht aus. Ein Qualitätssprung wurde durch die Selbstkontrolle und durch Pumpen, Kanülen, Einmalgebrauchsspritzen, Pens erreicht. Die gezielte Befähigung und Information des Diabetikers hat ihn von der sturen Befolgung mehr oder weniger guter ärztlicher Anordnungen befreit und ihm die Selbstbehandlung im täglichen Leben ermöglicht.

Methoden der Insulintherapie

Es werden folgende Methoden der Insulintherapie unterschieden:

CIT **Konventionelle Insulintherapie,** d.h. auf althergebrachte Weise mit ein bis zwei Insulinspritzen, wenig Selbstkontrolle und keiner Dosisanpassung.

ICIT **Intensivierte konventionelle Insulintherapie,** d.h. mehr als drei Insulinspritzen täglich, Blutzuckerselbstkontrollen mit Dosisanpassung. Getrennte Kalkulation von Basalbedarf und Mahlzeiteninsulin.

CSII **Kontinuierliche subkutane Insulininfusion,** d.h. Gabe von Insulin über einen Katheter (Schlauch) über die Haut (subkutan) mit einer tragbaren Insulinpumpe. Getrennte Kalkulation von Basalbedarf und Mahlzeitenbedarf.

Keine Angst vor einer moderneren Form der Insulintherapie. Sie ist nach und nach für jeden erlernbar.

Die konventionelle Insulintherapie (CIT)
Zwei Injektionen von Insulin erfordern die starre Anpassung der Ernährung mit fünf bis sechs pünktlichen Mahlzeiten und einen gleichförmigen Tagesablauf. Mit zunehmendem Mangel an Eigeninsulin kommt es nahezu gesetzmäßig zur Abweichung des Blutzuckers aus dem Zielbereich (Schwachstellen). So sind einerseits vor der Insulininjektion hohe Blutzucker (Hyperglycämien) infolge Mangel an Insulin und andererseits bei hohen Abenddosen nächtliche Unterzuckerung (Hypo-

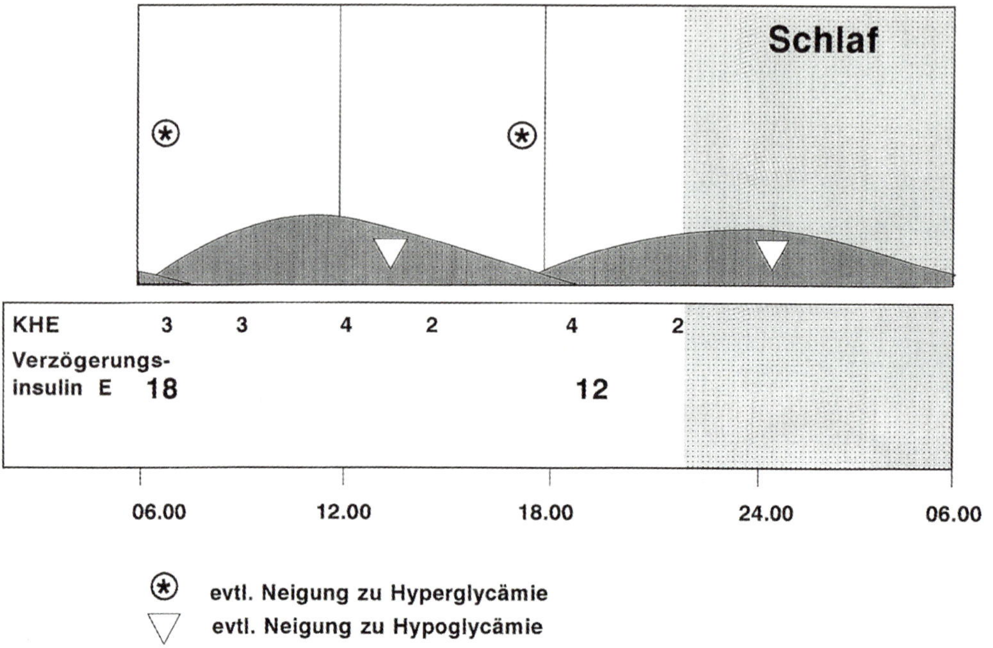

Abb. 15a: Zwei Injektionen von Verzögerungsinsulin (oder Mischinsulin)
Vergleiche Abb. 14. Im Gegensatz zum Gesunden kommt es zu einem hohen Insulinspiegel zwischen den Mahlzeiten. Deshalb ist eine pünktliche Einnahme von Haupt- und Zwischenmahlzeiten unerläßlich.
Typische Schwachstellen dieser Einstellung sind:
⊛ Gefahr hoher Blutzuckerwerte, wenn eine Insulinlücke entsteht
▽ Gefahr von Unterzuckerung in der Nacht und am frühen Nachmittag

Kompletter Insulinmangel – mehr als drei Insulininjektionen notwendig

glycämien) nicht selten. Diese *vorhersehbaren Schwachstellen* müssen durch gezielte Selbstkontrollen (Blutzucker oder Harnzucker) aufgespürt werden, insbesondere dann, wenn die Eigensekretion nachläßt oder wenn in Streßphasen (Krankheiten, große Aufregung usw.) der Insulinbedarf steigt.

Mit einem planmäßigen »Ausbügeln« dieser Schwachstellen kann man diese Abweichungen vom Zielbereich reduzieren (Tab. 12, S. 82/83): Aus Abb. 15a wird ersichtlich, daß die

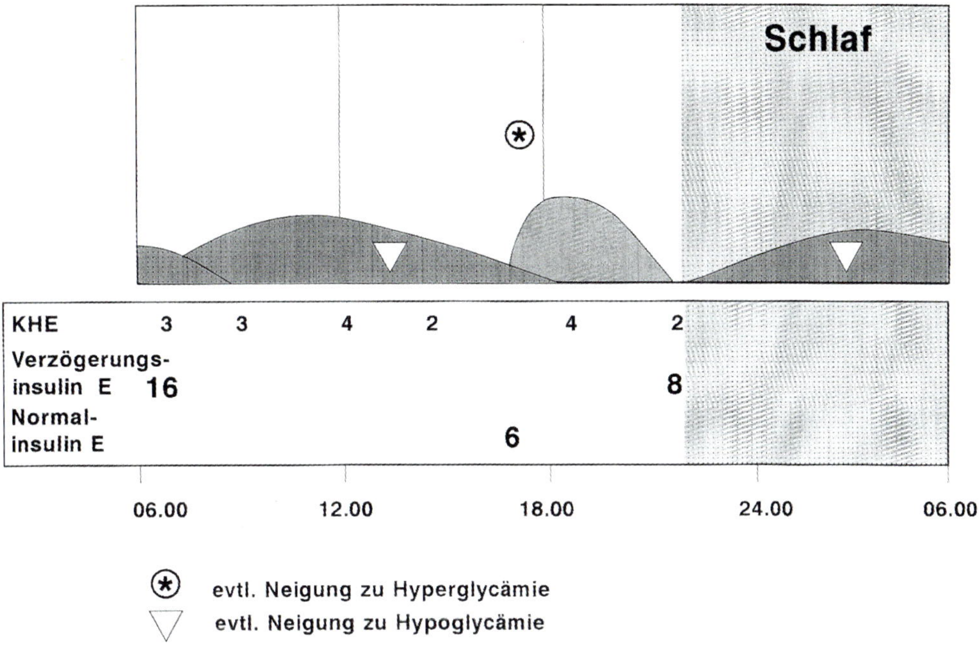

Abb. 15b: Planmäßige vorausschauende Korrektur der Schwachstellen der CIT (von Abb. 15a).
70 % des Verzögerungsinsulins vor dem Schlafengehen,
30 % als Normalinsulin vor dem Abendbrot spritzen.

Lücken der Insulinwirkung durch Aufteilung des abendlichen Insulins reduziert werden können (Abb. 15b): Das abendliche Verzögerungsinsulin wirkt länger, wenn es unmittelbar vor dem Schlafengehen gespritzt wird, ein Teil der Dosis (30 %) muß dann als Normalinsulin die entstandene Lücke und das Abendbrot abdecken. Nächste Schritte wären evtl. eine zusätzliche Injektion vom Normalinsulin am Nachmittag oder Mittag, denn auch am Spätnachmittag bahnt sich eine Insulinlücke an, zumal die morgendliche Dosis oft wegen besserer Ausgangsbedingungen reduziert werden müßte. Es ist nicht sinnvoll,

Eine ausgeglichene Blutzuckerlage erfordert planmäßig häufigeres Spritzen

Dem Blutzucker immer hinterherzulaufen führt zu Schwankungen

diesen »gesetzmäßigen Schwachstellen« immer nur durch akute Maßnahmen zu begegnen, d.h. durch »Runterspritzen« hoher Werte. Es kommt zu unübersichtlichen Schwankungen*. Diese vorausschauenden Korrekturen bringen durch Fehlerbeseitigung eine stabilere Blutzuckerlage (siehe Tab. 12). Sie stellen bereits den Übergang zur modernen Form der Insulintherapie, zur intensivierten Insulintherapie, dar.

Die intensivierte konventionelle Insulintherapie (ICIT)

Voraussetzungen von seiten des Patienten für eine intensivierte Insulintherapie

Beherrschung der Technik des Insulinspritzens und der Selbstkontrolle sind selbstverständlich.

Kenntnisse** über

- Eigene Zielwerte des Blutzuckers (Tab. 4).
- Abdeckung des Basalbedarfs**.
- Wirkung des eigenen Insulinpräparates, der Nahrungsmittel und der Muskeltätigkeit auf den Blutzucker (Tab. 6, 8, 11)**.
- Tagesrhythmus und Schwachstellen (Tab. 12).
- **Faustregeln**** über Veränderungen des Blutzuckers durch 1 Einheit Insulin
  1 KHE
  Insulinbedarf pro 1 KHE (s. Tab. 11, S. 77).

* Brittle-Diabetes: sehr labiler Diabetes
** Alle Kennwerte wird Ihr Arzt mit Ihnen gemeinsam aufstellen.

Ziel der anspruchsvolleren Insulintherapie ist es, eine normnahe und ausgeglichene Blutzuckerkonzentration und mehr Freiheit für den Alltag zu erreichen. Dafür sind täglich 3 bis 5 Blutzuckerkontrollen, mehr als drei Insulininjektionen (bzw. eine Infusion von Insulin) sowie eine Berücksichtigung aller Faktoren, die auf den Blutzucker wirken, notwendig (Tab. 11).

Sehr gute Blutzuckerlage bedeutet verzögerte Entwicklung der diabetischen Spätfolgen

Die Spritzzeiten und der Spritz-Eß-Abstand

(s. S. 68)

Tabelle 11: **Faustregeln für die Kalkulation von Insulin, Kohlenhydraten (KHE bzw. BE) und Muskelaktivität (BWE)**

Insulinbedarf	**Etwa**	**Etwas mehr Insulin ist notwendig**	**Etwas weniger Insulin wird benötigt**
Am Tag insgesamt davon 50 % als **Basalbedarf**	**0,7 IE/kg Körpergewicht** **0,35 IE/kg Körpergewicht** ≈ 1 IE/Std.	Pubertät, Schwangerschaft, Infektion, Krankheiten, Übergewicht Insulinresistenz u. a.	Eigeninsulin vorhanden, Insulinpumpe, Nierenschädigung, schlanke Sportler Trainierte u. a.
Für eine KHE (Kohlenhydrateinheit)	≥ **1,0 IE/1 KHE**	• Mischkost mit höherem Fett- und Eiweißgehalt (z. B. Pizza, belegte Brote) • morgens	• Reine Kohlenhydrate (z. B. Obst, Zwieback, Brot ohne Belag) • mittags und vor dem Schlafengehen
Zur Korrektur des Blutzuckers[1])	**1 IE Insulin senkt um** 2– 3 mmol/l (35–50 mg/100 ml)	• **Zu Dämmerungszeiten** (Spätnachmittag, morgens früh) • bei Übergewicht	• **Vor Mitternacht und zur Mittagszeit** • bei Sport • bei Schlanken
Nahrungsaufnahme			
1 KHE	**erhöht den Blutzucker um 2–3 mmol/l** (35–50 mg/100 ml)		
Muskeltätigkeit			
1 BWE[2]) (Bewegungseinheit)	entspricht etwa **1 IE Insulin,** etwas mehr als **1 KHE**		
Jeder reagiert jedoch unterschiedlich			

[1] Jeder muß seinen Blutzuckerzielwert kennen.

[2] BWE (s. Tab. 13)

Zwei Varianten (A und B) einer intensivierten konventionellen Insulintherapie sind möglich:

A: Basis-Bolus-Behandlung (Abb. 16)

50 % des Tagesbedarfs an Insulin, ≈ Basalbedarf

Das wichtigste Prinzip ist die Trennung der Insulingabe in Basis und Bolus (Stoß). Damit soll die Insulingabe eines Gesunden nachgeahmt werden (s. S. 69).

Basis: Langsam und stetig wirkendes Insulin für den Nüchternzustand (2 oder 3 Injektionen von Verzögerungsinsulin) ≈ **50 % Tagesdosis.**

Bolus: Schnell wirkendes Insulin zum Essen und zur Korrektur erhöhter Blutzuckerwerte (vor jeder Mahlzeit kurz wirkendes Insulin nach vorheriger Blutzuckerkontrolle), im allgemeinen **50 % der Tagesdosis.** Bei Nahrungsreduktion weniger, bei mehr KHE auch mehr Insulin.

Zuerst erfolgt die Erarbeitung der Kennwerte* gemeinsam mit dem Diabetesteam.

• **Zielwert** des Blutzuckers	vor dem Essen __________ vor dem Schlafengehen __________
• **Dosis des Basalinsulins**	für den Tag __________ für die Nacht __________ Insulinpräparat __________
• **Boluseinheiten von kurz wirkendem Insulin pro KHE**	morgens __________ mittags __________ abends __________
• **Korrekturbolus** 1 Einheit senkt den Blutzucker um mmol/l (mg/100 ml)	morgens __________ mittags __________ vor dem Schlafengehen __________

•**Auswirkung von KHE** auf den Blutzucker __________

* Diese Kennwerte können sich mit der Zeit ändern: In Tab. 11 sind einige Einflußfaktoren aufgeführt.

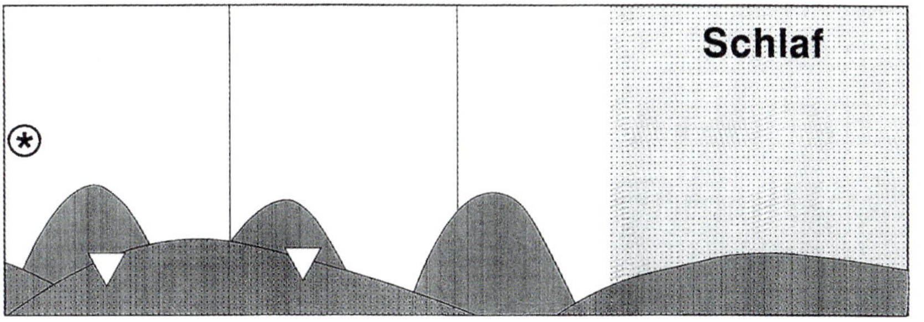

	Morgens	Mittags		Abends	Spät
Basal-insulin	12E				10E
Bolus E/KHE	2	0,5	1	1,5	0,5
KHE	4	4	2	5	2
Mahlzeitendosis	8	2	2	7	1

06.00 12.00 18.00 24.00 06.00

⊛ evtl. Neigung zu Hyperglycämie
▽ evtl. Neigung zu Hypoglycämie

Abb. 16: Basis-Bolus-Konzept (2 bis 3 Injektionen eines Verzögerungsinsulins und Normalinsulin zu den Hauptmahlzeiten)
Beispiel: Typ I-Diabetes, 60 kg Körpergewicht, 42 Einheiten Insulin und 20 KHE am Tag.
Typische Schwachstellen dieser Einstellung sind:
⊛ Gefahr hoher Blutzucker, wenn eine Insulinlücke entsteht
▽ Gefahr von Unterzuckerung in der Nacht und bei Überlagerung der Insulinwirkung

Basis-Bolus: Mehr Freiheit erfordert häufiges Kontrollieren und Spritzen!

Mit dem Basisinsulin müßte der Blutzucker den ganzen Tag im Zielbereich bleiben, wenn nicht gegessen wird. Die Mahlzeiten, die dann frei gewählt werden können, sind jedes Mal durch eine Extrainjektion von kurz wirkendem Insulin abzudecken. Die Dosis wird aus der Menge am KHE und aus dem aktuellen Blutzucker kalkuliert (Mahlzeitenbolus ± Korrekturbolus).

Es darf keine Lücke bleiben

In einer speziellen Schulung muß die Handhabung der Basis-Bolus-Therapie erlernt werden.
(Sonderform siehe NIS, S. 85)

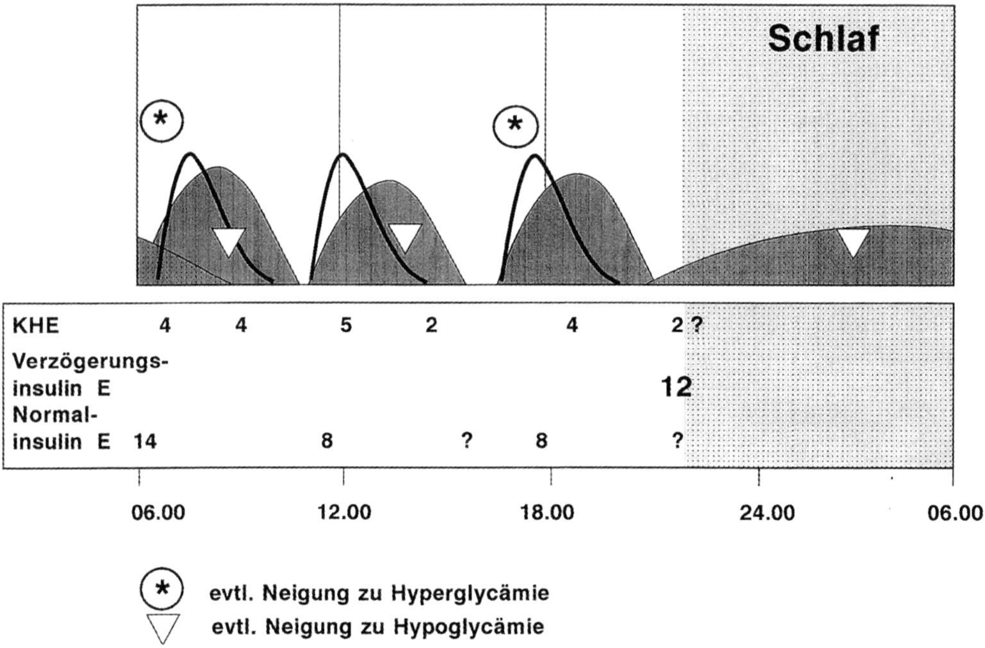

Abb. 17: Verzögerungsinsulin für die Nacht, tagsüber Normalinsulin
Beispiel: Typ I-Diabetes, 60 kg Körpergewicht, 42 Einheiten Insulin und 20 KHE am Tag.
Typische Schwachstellen dieser Einstellung sind
⊛ Gefahr hoher Blutzucker, wenn eine Insulinlücke entsteht. Bei Verwendung von Lys Pro Insulin entstehen noch größere Lücken
▽ Gefahr von Unterzuckerung in der Nacht und mittags
? Insulin oder KHE (nach Blutzucker)

B: Am Tag 3 bis 4 Injektionen von Normalinsulin und für die Nacht Verzögerungsinsulin (Abb. 17)

Das Normalinsulin muß tagsüber sowohl den Basalbedarf als auch die Mahlzeiten abdecken (etwa 75% der Gesamtinsulinmenge). Die Mahlzeiten sind nicht mehr so frei wählbar. Häufig entsteht vor dem Abendbrot eine Insulinlücke. Deshalb sind hier Zwischeninjektionen oder morgendliches Basalinsulin notwendig.

Blutzuckerkontrollen sollten durchgeführt werden,
- um Schwachstellen aufzudecken (z.B. nachts zwischen 24.00 Uhr und 3.00 Uhr),
- vor dem Schlafengehen,
- vor den Hauptmahlzeiten.

Schwachstellen der intensivierten konventionellen Insulintherapie und ihre Beseitigung (s. Tab. 12a–d)
Das Hauptproblem bei diesen Einstellungen mit Verzögerungsinsulin ist dessen phasenhafte und wechselhafte Aufnahme ins Blut. Es gibt leider kein Basalinsulin; außerdem schwankt die Wirkdauer der Verzögerungsinsuline von Tag zu Tag, so daß es bei einigen Diabetikern immer wieder zu sehr unterschiedlichen Nüchternwerten kommt. Reduziert werden diese Extremschwankungen, wenn die Injektion am Abend immer in die gleiche Körperregion vorgenommen wird. Das wäre z.B. vor dem Schlafengehen in die Haut des Oberschenkels. Eine Hyperglycämie am frühen Morgen und am späten Nachmittag sowie mitternächtliche Hypoglycämien bleiben typische Schwachstellen. Gezielte Gegenmaßnahmen sind in Tabelle 12a–d ausgeführt. Vorsicht mit Korrekturen innerhalb der Wirkung des vorher verabreichten Insulins. Eine Aufteilung der Insulindosen erhöht die Wirkung, d.h. 2mal 2 Einheiten wirken stärker als 1mal 4 Einheiten. Splitten erhöht den Effekt.

Ein Basalinsulin gibt es noch nicht

Schwachstellen = wiederholte Abweichungen des Blutzuckers durch Insulinlücken oder zu starke Insulinwirkung

Freiheit der Mahlzeiteneinnahme im Alltag

• Habe ich eine Einstellung, bei der das Basalinsulin getrennt vom Mahlzeiteninsulin gegeben wird, kann ich grundsätzlich meine Mahlzeiten frei handhaben. Das wäre bei Insulinpumpen (s. S. 87), bei NIS (s. S. 85) und bei den meisten Einstellungen nach dem Basis-Bolus-Prinzip der Fall. Voraussetzung: Die Basaldosis muß wirklich gut angepaßt sein, Erprobung durch Fasten oder Teilfasten (bei Beginn der Einstellung). Durch Blutzuckerkontrollen in zwei- bis drei-

Tabelle 12: **Die typischen Schwachstellen der konventionellen Insulintherapie, mögliche Ursachen und Gegenmaßnahmen***

Tabelle 12a: **Hoher Blutzucker vor dem Abendbrot**

Ursache	**Maßnahmen** (Varianten)
KHE zuviel oder zu spät	**Kaffeestück** • nicht später als 14.30 bis 15.00 Uhr • KHE evtl. weglassen • KHE ganz reduzieren (Unterzuckerung gegen 14.00 Uhr ausschließen).
Insulinmangel durch Nachlassen der Wirkung der Morgenspritze und/oder Minderung der Insulinwirkung am späten Nachmittag (Dämmerungsphänomen).	**Für eine sofortige Insulinwirkung sorgen** • Spritz-Eß-Abstand verlängern • Normalinsulin zufügen (evtl. Mischinsulin) • in die Bauchhaut spritzen oder • kleine Dosis Normalinsulin vorspritzen (Vorbolus).
Länger dauernder Insulinmangel schon seit dem Nachmittag Wiederholte Blutzuckerbestimmungen zwischen 15.00 Uhr (nicht früher!) und abends müssen die Größe der Lücke feststellen.	• **Zwischenspritzen von Normalinsulin** in Abhängigkeit vom aktuellen Blutzuckerwert zwischen 15.00 und 16.30 Uhr von 1 bis 8 Einheiten. Die eigentliche Abenddosis um 50 % der Zwischendosis reduzieren. • **Versuch eines länger wirkenden Depotinsulins am Morgen.** • **Dritte Injektion von Basalinsulin mittags.**

* Eine Erhöhung von Depotinsulin am Morgen hat meist keinen Effekt bis zum späten Nachmittag.

Alle Veränderungen nur schrittweise vornehmen, Geduld ist notwendig!

Tabelle 12b: **Hoher Nüchternblutzucker**

Ursache	Maßnahmen
Insulinmangel Nachlassen der Wirkung der abendlichen Insulinspritze und/oder Minderung der Insulinwirkung am frühen Morgen (Dämmerungsphänomen).	**Für eine verlängerte Wirkung des abendlichen Insulins sorgen** • Anderes Depotinsulin versuchen, z.B. Insulin Semilente • Injektion in die Haut des Oberschenkels • Injektion des Depotinsulins verschieben auf die Zeit vor dem Schlafengehen **Für eine schnelle Insulinwirkung am Morgen sorgen** • Insulin so früh wie möglich • in die Bauchhaut spritzen • Normalinsulinanteil zufügen • evtl. kleine Dosis Normalinsulin vorspritzen (Vorbolus vor 6.00).
Gegenregulation infolge nächtlicher Unterzuckerung (ist immer auszuschließen), d.h. Blutzuckerbestimmung nachts, zwischen 24.00 und 3.00 Uhr	• siehe bei nächtlicher Unterzuckerung (Tab. 12c)

Tabelle 12c **Unterzuckerung in der Nacht**

Ursache	Maßnahmen
Nahrungsaufnahme • zuwenig KHE • Zusammensetzung von Abendbrot oder Spätstück falsch, z.B. schnell resorbierbare KHE ohne Fett und Eiweiß.	**Abendbrot** • KHE-Zulage • Mischkost mit Fett und Eiweiß, Spätstück muß unbedingt gegessen werden, ≥ 2 KHE langsam resorbierbare KH (z.B. Vollkornbrot, Müsli).
Zu tiefer Blutzuckerwert vor der Nachtruhe Nie unter 6 mmol/l in die Nacht gehen. Höhere Werte wären bei Insulinempfindlichen anzustreben.	**Zusatz-KHE** zum Spätstück zukünftige Insulindosis für das Abendbrot überdenken (zuviel, zuspät, zuwenig KHE? usw.)
Ungewöhnliche Muskelaktivität am Tag oder Abend vorher	**Zusatz KHE** } vor der Nachtruhe **Insulinreduktion** } vor der Nachtruhe
Zuviel Depotinsulin vor der Nachtruhe	Vorsichtig **Insulin abends reduzieren** (– 2 E) Versuch eines **anderen Depotinsulins**
Alkohol + körperliche Aktivität z.B. Tanz	**Zusatz-KHE** (≥ 3 KHE) **Insulinreduktion** (20 bis 50 %)

Tabelle 12d: **Hoher Blutzucker etwa 2 Stunden nach dem 1. Frühstück** (~ 9.30 Uhr)*

Ursache	Maßnahmen
KHE zum 1. Frühstück • zu viele • zuviel schnell resorbierbare	1. Frühstück • KHE reduzieren, evtl. KHE zum 2. Frühstück • keine Suppe, kein Toast o. ä. • Müsli, Vollkornbrot • nur ein Frühstück (9.00 Uhr), 60 bis 90 Minuten Spritz-Eß-Abstand
Insulinmangel • relativer Insulinmangel (~ 5.00 bis 9.00 Uhr insulinunempfindliche Phase)	• Anteil von Normalinsulin erhöhen (Bauchhaut)
• abendliches Verzögerungsinsulin wirkt zu kurz • Normalinsulin wirkt zu spät	• Normalinsulin am frühen Morgen so früh wie möglich • evtl. als Vorbolus etwa 4 bis 6 E gegen 6.00 Uhr oder früher = splitten • abendliches Verzögerungsinsulin hinausschieben (erhöhen?, Achtung! Selbstkontrolle in der Nacht)
Mangel an Muskelaktivität?	• Muskelaktivität kurz vor oder nach dem 1. Frühstück

* **Bei Typ II-Diabetikern** ist dieser Blutzuckerwert meist der höchste Wert vom ganzen Tag. Erhöhung des morgendlichen Depotinsulins hat meist keinen Effekt. Maßnahmen s.o. gelten hier auch. Evtl. Kombination mit bestimmten Tabletten (oralen Antidiabetika).

Wenn trotz der Maßnahmen (Tab. 12a, b, c) keine Glättung des Blutzuckers erreicht wird, wäre eine Insulinpumpe angebracht.

stündigen Abständen ist abzusichern, daß man sich im Ziel- bzw. im Toleranzbereich befindet.

• Verschieben, Reduzieren oder Auslassen von Mahlzeiten ist nicht möglich, wenn diese Phase in die Hauptwirkungszeit des vorher gespritzten Insulins fällt. So ist es klar, daß z.B. nach einer größeren Dosis von Normalinsulin am Morgen, nach guter Blutzuckerausgangslage, das erste und auch das zweite Frühstück gegessen werden müssen.

Verschieben oder Auslassen von Hauptmahlzeiten: Zuerst erfolgt eine Blutzuckerkontrolle. Liegt der Blutzucker im Zielbereich und ist keine weitere Insulinwirkung zu erwarten (z.B. am frühen Morgen 6.00 Uhr), dann kann man mit wiederholtem Spritzen von 2 oder 4 E Normalinsulin in 1- bis 2stündigen Abständen den Nüchternbedarf für die nächsten Stunden ersetzen (2 E wirken etwa 2 Stunden). Liegt der Blutzucker mehr als 1 bis 2 mmol über dem Zielbereich, dann wäre eine Korrekturdosis (etwa 1 E) dazuzugeben;

Beispiel: 20.00 Uhr Abendveranstaltung mit kaltem Buffet. Zur üblichen Abendmahlzeit (ca. 18.00 Uhr) Insulin vorspritzen: 2 E bei Blutzucker etwa 9 mmol/l (160 mg/100 ml), etwa 4 E bei Blutzucker 10 bis 12 mmol/l (180 bis 220 mg/100 ml); 6 E bei höheren Werten, dann eine Kleinigkeit (1 bis 2 KHE) essen. Schockzucker und Reserve-KHE dürfen nicht vergessen werden. Die reduzierte Abendbrotdosis sollte erst gespritzt werden, wenn das Festessen greifbar ist. Lange Reden vor der Eröffnung eines Buffets können für einen Diabetiker fatal werden. Tanzen und Alkohol erfordern eine Reduktion der Insulindosis um 25 bis 50% und reichliches Essen!

Durch Blutzuckerbestimmung und kluge Kalkulation – Gewinn an Freiheit

Basalbedarf an Insulin durch Fasten überprüfen

Möchte man mehr Kohlenhydrate essen, muß etwa 1 E pro »nackte« KHE zugelegt werden.

Eine Sonderform stellt die sogenannte »funktionelle« Insulintherapie mit Spritzen (NIS = normoglycämische Insulinsubstitution) dar. Für jeden Patienten wird, bezugnehmend auf das Körpergewicht und auf die bisherige Insulindosierung, der individuelle Bedarf sowohl für die Nüchternphase (Verzögerungsinsulin) als auch für die Mahlzeiten (4mal Normalinsulin) kalkuliert. Die Normalinsulindosis wird in Abhängigkeit vom aktuellen Blutzuckerwert (5mal täglich) und der gewünschten Nahrungsaufnahme nach den individuellen Regeln immer aktuell errechnet. *Viele Diabetiker gewinnen so eine bessere Stoffwechselführung und eine neue Lebensqualität* (siehe Originalliteratur *Howorka*).

Krisenzeiten – häufigere Selbstkontrolle

6 bis 7 Injektionen von Normalinsulin, die Einstellung für Sondersituationen

Kleine Dosen von Normalinsulin wirken nur 3 bis 4 Stunden

Das Normalinsulin muß hier über den ganzen Tag sowohl den Basalbedarf als auch den Mahlzeitenbedarf abdecken. Die vielen kleinen Normalinsulindosen sind am besten geeignet, Ordnung in einen »verschlamperten« Stoffwechsel zu bringen bzw. in Krisensituationen – wie Infekten, Operationen, Reisen etc. – den Stoffwechsel gut zu führen. Bei fieberhaften Erkrankungen ist die wiederholte Gabe von Normalinsulin übersichtlicher und wirksamer als die Erhöhung des Basalinsulins. Für den Alltag sind die nächtlichen Insulininjektionen jedoch nicht zumutbar.

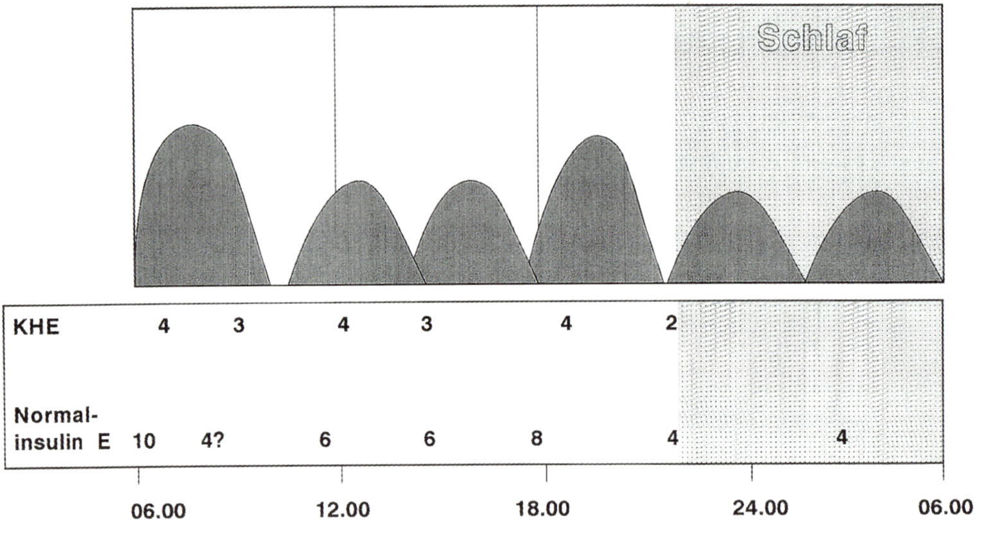

Abb. 18: In Sondersituationen 6 bis 7 Injektionen von Normalinsulin
Beispiel: Typ I-Diabetes, 60 kg Körpergewicht, 42 Einheiten Insulin und 20 KHE am Tag.
Bei Fieber und Bettruhe ist die Dosis meistens zu erhöhen (Blutzuckerkontrollen, KHE!)

Die Behandlung mit Insulinpumpen (CSII)

Insulinpumpen (CSII = **k**ontinuierliche **s**ubkutane **I**nsulin-**in**fusion) geben aus einer Spritze über einen feinen Schlauch (Katheter mit Kanüle im Unterhautfettgewebe) kontinuierlich Normalinsulin *(Basalrate)* ab. *Zusatzraten* (= Bolus) werden zum Essen per Knopfdruck abgefordert. Diese Behandlung ist sinnvoll, wenn trotz intensivierter Insulintherapie mit angepaßten häufigen Injektionen keine gute Stoffwechselführung erreicht wurden (Abb. 19). Bei Interesse an einer Insulinpumpe sollte man sich erst einmal mit dem Arzt beraten. Eine Pumpenbehandlung löst niemals alle Probleme des Diabetes. Sie erfordert viel Aufmerksamkeit, Wissen, regelmäßige Selbstkontrolle, ständige Überprüfung der Funktionstüchtigkeit von Gerät und Katheter und die Zusammenarbeit mit einem speziell erfahrenen Arzt. Für Pumpenanwender sind zusätzliche Schulungen

Nur mit der Insulinpumpe ist der basale Insulinbedarf gut abzudecken

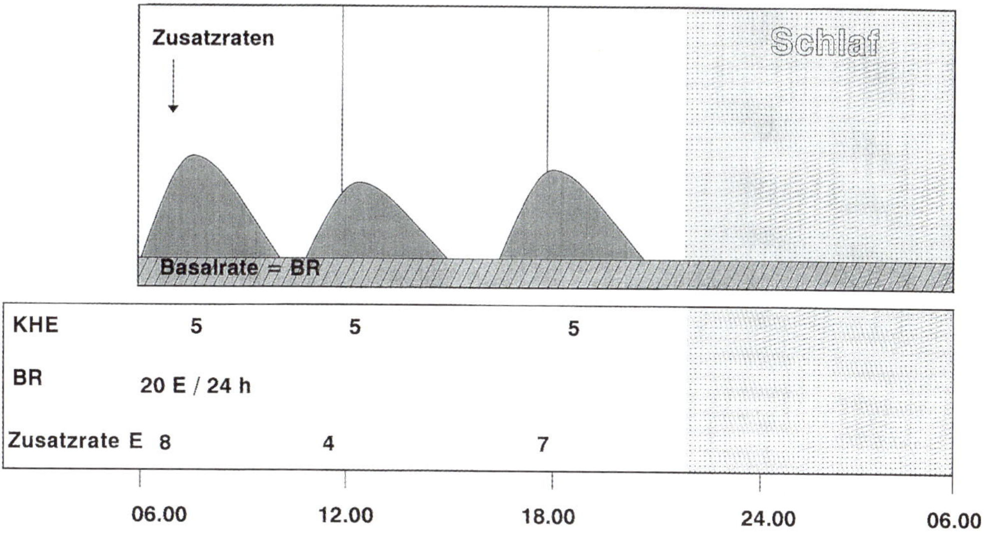

Abb. 19: Insulininfusion durch Insulinpumpen
Beispiel einer Konstantbasalratenpumpe
Vergleiche Abb. 14. Diese Form des Insulinersatzes kommt der Insulinsekretion eines Gesunden am nächsten.

erforderlich (siehe spezielle Ratgeber für Anwender von Insulinpumpen). Ein gut geschulter Diabetiker braucht etwa 12 Basisschulungsstunden für den Start einer Insulinpumpe. In der Regel sollten Pumpeneinstellung und Schulung während eines stationären Aufenthaltes erfolgen. In Ausnahmefällen ist das auch ambulant in einem Pumpenzentrum durchführbar. Die Krankenkassen übernehmen die teuren Kosten einer Pumpenbehandlung, wenn eine ausführliche ärztliche Begründung vorgelegt wird. Der Patient muß sich einer einer Behandlungsvereinbarung per Unterschrift zur besonderen Sorgfalt bezüglich der Stoffwechselführung und des Umgangs mit der Pumpe verpflichten.

Vorteile: Nur mit Insulinpumpen kann der Basalbedarf durch die kontinuierliche Infusion gleichmäßig ersetzt werden. Einige Pumpentypen ermöglichen sogar die Vorprogrammie-

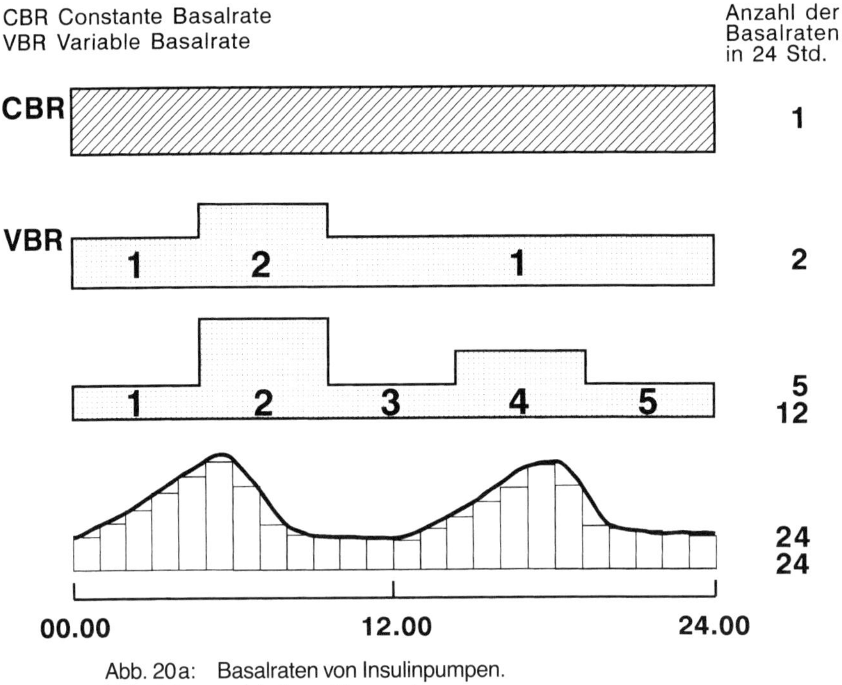

Abb. 20a: Basalraten von Insulinpumpen. Beispiele verschiedener Pumpentypen.

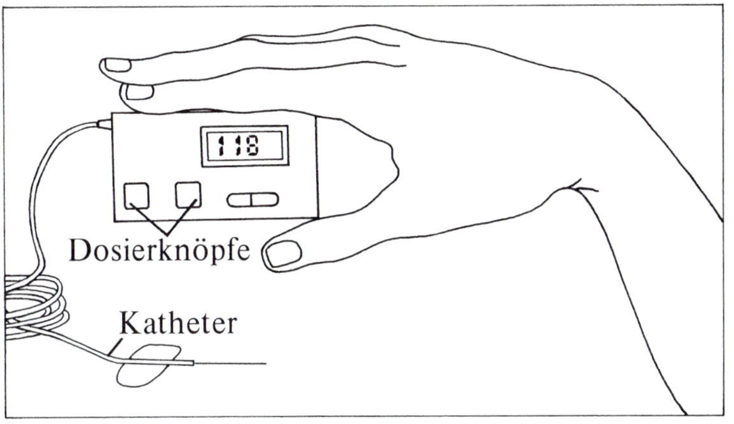

Abb. 20b: Insulinpumpe

rung einer oder mehrerer abgestufter Basalraten (Abb. 20a). Insgesamt sind mit den Insulinpumpen fast normale Blutzuckerwerte erreichbar. Ein Pumpenträger kommt ohne den typischen morgendlichen Blutzuckeranstieg aus der Nacht. Durch die gute Stoffwechseleinstellung ist eine Verzögerung der Entwicklung von Spätfolgen des Diabetes zu erreichen. Der Patient gewinnt an erheblicher Lebensqualität. So ist z.B. das morgendliche Ausschlafen oder das Verschieben und die freiere Gestaltung von Mahlzeiten mit Insulinpumpen kein Problem. Insgesamt haben Insulinpumpen für viele Typ I-Diabetiker die Stoffwechselführung und die Lebensqualität ganz entscheidend verbessert. Unter den Pumpenträgern befinden sich Kurz- und Langzeitdiabetiker aller Berufe und mit den unterschiedlichsten Freizeitinteressen.

Insulinpumpe – bessere Stoffwechselführung und Gewinn an Freiheit

Nachteile: Ständiges Tragen der Pumpe am Körper, evtl. Auftreten kosmetischer Probleme. Aufwand des An- und Ablegens der Pumpe. Auftreten technischer Probleme. Bei Unterbrechung der Zufuhr (z.B. Katheterabknickung) oder Erhöhung des Bedarfs durch einen Infekt kann es (selbst bei noch relativ niedrigem Blutzucker) sehr *schnell zur Aceton-*

Datum: *1.1.96*

Pumpentyp: *X*

Nr.: *X*

Insulinart: *H Ironin U100*

Blutzucker

Zielwert: *6* mmol/l

Toleranzbereich: *± 1,5* mmol/l

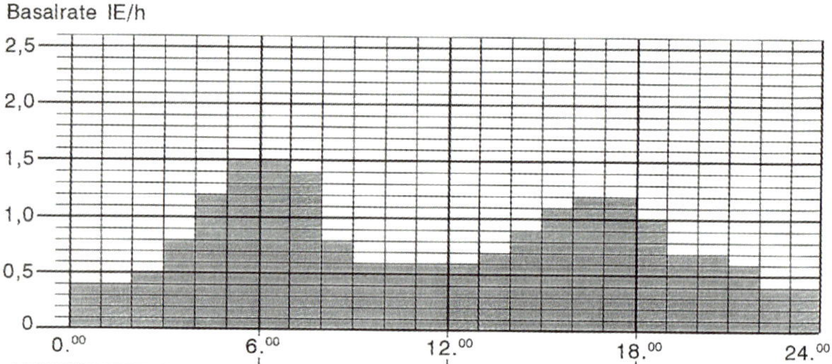

Bolus	I	II	III	IV	V	VI
E/1KHE:	1,5		0,5	1,0	1,5	0,5 ?
KHE/Mahlz.:	5		4	2	5	2
Bolus/Mahlz. (E):	7,5		2	2	7,5	1

Korrekturregeln:

$$\frac{\text{Istwert-Zielwert}}{\text{Korrekturfaktor}}$$ = Einheiten an Insulin die zum Erreichen des Zielwertes benötigt werden

Insulintagesbedarf:

Basalrate: E/24 Std. 20

Bolusinsulin/24 Std. 20

Gesamt Insulin/24Std. 40

Körpergewicht (kg): 60

≙ E/kg 0,66

Abb. 21: Beispiel eines Anfangsprotokolls einer Insulinpumpeneinstellung (vom Patienten mit dem Arzt oder der Diabetesberaterin nach den ersten Schulungsstunden gemeinsam erarbeitet).
Die Kenngrößen entsprechen der Basis-Bolus-Behandlung (s. S. 78 u. Tab. 11).

Mit Insulinpumpe: Acetonvergiftung kann eher auftreten, kann aber durch Sorgfalt vermieden werden

vergiftung kommen. Übelkeit und Erbrechen sind bei Pumpenpatienten allerhöchste Alarmsignale. Hautreizungen durch den Katheter erfordern sorgfältige Sauberkeit. Alle diese Zwischenfälle sind jedoch durch Sorgfalt vermeidbar. Anwender von Insulinpumpen gehören ein Leben lang in die Behandlung eines Spezialteams.

Sonderformen der Insulintherapie bei Typ II-Diabetes

• **Minidosen von Normalinsulin vor den Hauptmahlzeiten bei Typ II-Diabetikern mit Restinsulinsekretion**
Niedrige Nüchternblutzucker bei hohen Blutzuckerwerten nach den Mahlzeiten könnten bei bisher nichtinsulinierten Typ II-Diabetikern für eine noch ausreichende Basalsekretion sprechen. Meist reichen hier 4 bis 8 Einheiten Normalinsulin oder Lys Pro Insulin kurz vor den drei Tagesmahlzeiten aus, um den Blutzucker niedrig zu halten. Auf diese Weise wird eine Überinsulinierung vermieden. Eine regelmäßige Kontrolle des Morgenurins oder des Nüchternblutzuckers zeigt an, wenn eine abendliche Spritze von Verzögerungsinsulin notwendig werden sollte (Abb. 22).

Minidosen von Normalinsulin – bei Typ II-Diabetes sehr wirksam

Insgesamt kann auch ein Typ II-Diabetiker von einer intensivierten Insulintherapie profitieren, wenn auch die Insulinresistenz das Finden der richtigen Dosis erschwert. Die schematische Übertragung der Faustregeln für Typ I-Diabetiker auf Typ II-Diabetiker kann zur Überinsulinierung führen.

Zuviel Insulin fördert die Fettbildung

Sorgfältig auf Unterzuckerung und auf Nebenwirkungen der Tabletten achten

• **Die Kombination von Tabletten und Insulin beim Typ II-Diabetes** wird in Sonderfällen versucht, wenn die alleinige Therapie mit Tabletten oder umgekehrt die alleinige Therapie mit Insulin keine befriedigende Diabetesführung bringt. Regelmäßige Selbstkontrollen und ärztliche Kontrollen sind hier besonders notwendig; denn die Einnahme von Medikamenten ist bekanntlich oft mit Nebenwirkungen verbunden. Außerdem kann es zu schweren Unterzuckerungen kommen.

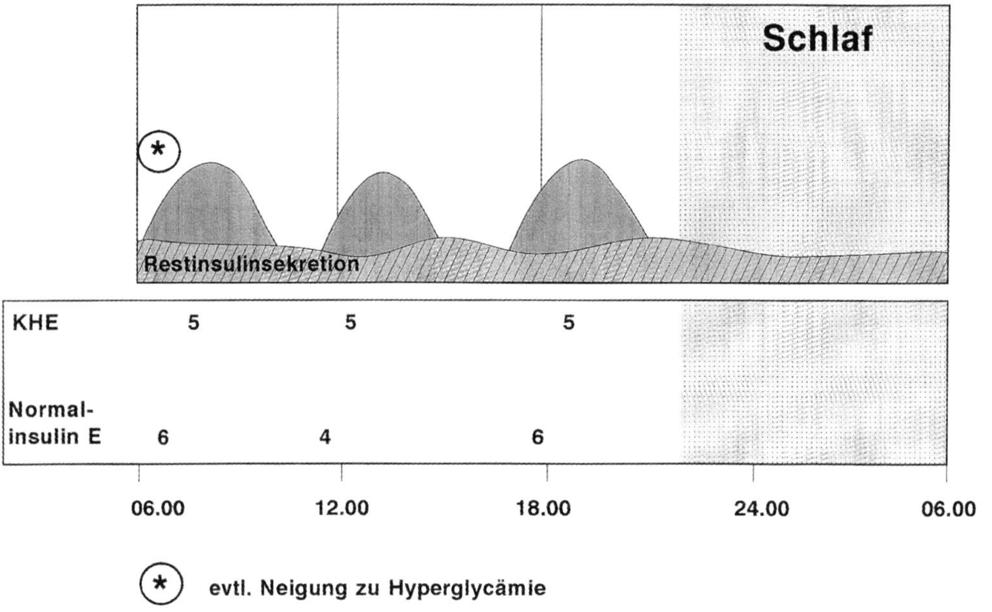

Abb. 22: Minidosen von Normalinsulin bei einem Typ II-Diabetiker mit noch vorhandenem eigenem Insulin.
⊛ Selbstkontrolle vor allem morgens (siehe Text).

Die Wirkungsweise der Tabletten kann sein:

- Anregung der verbliebenen Insulinproduktion,
- Verbesserung der Insulinwirkung (z.B. Metformin),
- Verzögerung der Kohlenhydrataufspaltung.

Menstruation und Stoffwechselführung

Bei einigen Frauen kommt es in Abhängigkeit von der Regel (Menstruation) zu einer phasenhaften Änderung des Insulinbedarfs: Nach dem Eisprung (d.h. etwa 14 Tage nach dem Beginn der Blutung) steigt der Insulinbedarf langsam an, um dann 2 bis 3 Tage vor der Menstruation zu höheren Blutzuckerwerten zu führen. Mit Beginn der Menstruation bessert sich die Situation oft sehr schnell mit Neigung zur Unterzuckerung.

Ursache ist die Sekretion von Hormonen, die dem Insulin entgegenwirken.

Es gibt jedoch auch ein anderes Verhalten, z.B. eine Verschlechterung der Blutzuckerwerte während der Regel oder ohne jegliche Änderung des Insulinbedarfs während des Menstruationszyklus.

Die Hypoglycämie – Unterzuckerung

Bei einer Hypoglycämie ist zuwenig Zucker im Blut. In der täglichen Umgangssprache werden dafür auch die Bezeichnungen »Hypo«, »Schocknähe« oder, wenn das Bewußtsein beeinträchtigt ist, »Schock« (»Zuckermangelschock«, »Insulinschock«) angewandt. Beim Gesunden geben die B-Zellen immer nur soviel Insulin ab, wie gerade benötigt wird. Eine derartige Feinregulation kann dagegen weder mit Insulinspritzen noch mit -pumpen erreicht werden. Hypoglycämien lassen sich deshalb bei insulinbehandelten Diabetikern niemals ganz vermeiden. Schwere Schocks können gefährlich werden (Unfälle, Schäden an Hirnzellen).

Schwere Unterzuckerungen müssen vermieden werden

Alles, was den Blutzucker senkt, kann zur Unterzuckerung führen

Wehret den Anfängen

- *Zu geringe oder zu späte Nahrungsaufnahme.* So kommen häufig Hypoglycämien vor, wenn in der Hauptwirkungszeit des gespritzten Insulins die fällige Mahlzeit verschoben wurde (Lehrer im Unterricht, Arbeitsberatungen, Kinder beim Spielen usw.) oder weil Kohlenhydrate gegeneinander ausgetauscht wurden, die sehr unterschiedlich schnell in Glucose gespalten werden (z.B. Kartoffelsuppe statt Pellkartoffeln).
- *Ungewöhnliche und ungeplante Muskelaktivität.* Sie ist eine der Hauptursachen von Unterzuckerung.
- *Zuviel Insulin.* Diese Gefahr besteht z.B. bei Verwendung von höher konzentrierten Insulinen (Tab. 9) oder bei versehentlicher Wiederholung einer Insulingabe. Wenn immer wieder Hypoglycämien zur gleichen Zeit auftreten, muß die Einstellung geändert werden.

- Auch bestimmte Antidiabetika (Tabletten zur Diabetesbehandlung), die die eigene Insulinproduktion fördern, können zur Hypoglycämie führen.
- *Alkoholgenuß* kann zur Unterzuckerung führen, den Alkohol hemmt die Glucoseabgabe aus der Leber. Durch gleichzeitige Muskeltätigkeit, z.B. Tanzen, kann die Hypoglycämie noch verstärkt werden. Bei einem derartigen Fest muß deshalb Insulin reduziert und/oder zusätzlich gegessen werden. Die Schockgefahr nach Alkohol und gleichzeitiger körperlicher Aktivität kann noch bis in den Folgetag andauern.

Alkohol und Bewegung: Hauptursachen für schwere Unterzuckerung

- *Medikamente:* Einige Medikamente können die Hypoglycämiegefahr erhöhen oder auch die Wahrnehmung der Schockanzeichen unterdrücken.
- *Spätschock:* Nach ungewöhnlicher und länger dauernder Muskeltätigkeit kann es noch nach 6 bis 12 Stunden zu einer Unterzuckerung kommen. So können Hypoglycämien in der Nacht oder am nächsten Vormittag nach Bergwanderungen, Fahrradtouren, Festen mit Tanz o.ä. auftreten. Außer zusätzlichen Kohlenhydraten und einer Insulinreduktion (30 bis 50%) ist eine Blutzuckerkontrolle vor dem Schlafengehen und am nächsten Vormittag unerläßlich. Ursache dieser »Späthypos« ist die Wiederauffüllung der Zuckerreserven in Muskulatur und Leber.

Spätschock: eine Gefahr, die noch lange nach intensiver Muskelaktivität auftreten kann

- *Nach sexueller Aktivität* kommt es nicht selten zu Hypoglycämien.

Gegenregulation

Beim Absinken des Blutzuckers wird ein Schutzmechanismus ausgelöst. Hormone, die dem Insulin entgegenwirken (Gegenregulationshormone), werden sofort ins Blut abgegeben. Adrenalin und Glucagon setzen schnell Glucose aus dem Glycogen der Leber frei. Wachstumshormon und Neben nierenrindenhormon sorgen für eine langsame Neubildung von Glucose. Diese Blutzuckererhöhung nach einer Hypoglycämie kann sehr ausgeprägt und lang anhaltend sein, so daß mit häufigeren Selbstkontrollen und gegebenenfalls vorsichtig mit Abzug von Nahrung oder Zulage von Insulin zu reagieren ist.

Symptome einer Unterzuckerung

Die Gegenregulationshormone und die Unterzuckerung können zu folgenden Empfindungen und Erscheinungen führen:

- Mißempfindungen (Kribbeln, Taubheitsgefühl, Pelzigkeitsgefühl, vor allem im Gesicht und um den Mund)
- Schweißausbruch
- Blässe
- Zittrigkeit
- weiche Knie
- Herzklopfen, Schmerzen und Druckgefühl in der Herzgegend
- Heißhunger
- Kopfschmerzen (auch morgens nach einer nächtlichen Hypoglycämie)
- Schlafstörungen, unruhiger Schlaf, Alpträume.

Auffälliges, sinnloses psychisches Verhalten – oft kann es eine Unterzuckerung sein

Als Zeichen eines schweren Glucosemangels der Hirnzellen:

- Heißhunger
- mangelhafte Konzentrationsfähigkeit
- psychische Auffälligkeiten (z.B. Aggressivität, unsinniges Gerede, Clownerie, läppisches Verhalten)
- Sehstörung, Doppelbilder, Sprachstörungen (Stottern, Stammeln)
- Schwindelerscheinungen
- schwere Schlafstörungen, Alpträume
- Verwirrtheit, Bewußtseinsbeeinträchtigung.

Änderung einer Insulintherapie – häufigere Blutzuckerbestimmung notwendig

Schließlich kann es zur Bewußtlosigkeit und zu Krämpfen kommen.

Die Hypoglycämiesymptome sind von Diabetiker zu Diabetiker sehr unterschiedlich ausgeprägt. Außerdem können sich die Zeichen und Empfindungen eines herannahenden Schocks

Die Zeichen einer Unterzuckerung werden von Außenstehenden nicht selten verkannt. Beispiele:

- Verdacht auf Trunkenheit in fremder Umgebung. *Diabetiker-Nothilfe-Paß muß immer dabeisein.*
- Sturheit, Streitsucht, Aggressivität können Anzeichen einer Unterzuckerung sein. Nicht selten wird der Helfende dabei beschimpft und die Nahrungsaufnahme kategorisch verweigert. *Die Helfenden müssen mit Geduld und Konsequenz unbedingt Zucker zuführen.*

Deshalb muß man wissen:
Zucker kann niemals in diesen Notsituationen schaden!

im Laufe der Erkrankung wandeln. Das Empfinden für niedrige Blutzucker kann sich z.B. unter einer intensivierten Insulintherapie (z.B. mit Insulinpumpen) oder bei Anwendung neuer Insulinpräparate (z.B. nach Humaninsulin) deutlich verändern. Bei längerer Diabetesdauer oder auch bei Einnahme bestimmter Medikamente können die Warnsymptome einer drohenden Hypoglycämie verschwinden. Eine Neigung zu relativ plötzlichen schweren Schocks wäre die Folge. Bei Gewöhnung an höhere Blutzucker (was keinesfalls gut ist!) oder bei schnellem Absinken des Blutzuckers können schon bei normalen Blutzuckerwerten Empfindungen einer Hypoglycämie auftreten.

Die Anzeichen für Hypos können sich ändern

Sofortmaßnahmen

Bei leichter Schocknähe: Schnell wirkende Kohlenhydrate (etwa 2 KHE Weißbrot, Obst, Saft, Cola o.ä.) zu sich nehmen oder die nächste Mahlzeit vorziehen.

Zucker hilft in jeder Form

Bei deutlicher Schocknähe: Schnell resorbierbare Kohlenhydrate (2–3 Traubenzuckertabletten, 3–4 Stückchen Würfelzucker, Schokolade, Süßigkeiten, Rosinen oder gezuckerte Flüssigkeit) zuführen.

Bei schweren Schocks ist immer Hilfe notwendig

- *Wenn der Diabetiker nicht mehr zum selbständigen Handeln fähig* (Verwirrung, leichte Krämpfe), *aber noch ansprechbar ist,* muß zuckerhaltige Flüssigkeit (Cola, aufgelöster Zukker, Traubenzucker, Hypogluc) vorsichtig zum Trinken gegeben werden.
- *Bei Bewußtlosigkeit, d.h., wenn der Patient nicht mehr ansprechbar ist* oder schwer krampft:

Ruhe bewahren!

- Mund frei machen (Nahrungsreste und Prothese entfernen). Bewußtlosen darf niemals Flüssigkeit oder Nahrung eingeflößt werden!
- In stabile Seitenlage bringen.
- Glucagon* spritzen. Wenn der Patient zu sich kommt, sofort zuckerhaltige Flüssigkeit trinken lassen und Essen geben, denn Glukagon wirkt nur kurz.
- Notarzt rufen (wenn der Patient weiter bewußtlos bleibt oder krampft).

Den Notarzt über den Diabetes informieren

Schwere lang anhaltende Schocks mit Handlungsunfähigkeit bzw. sogar *Bewußtlosigkeit* können vor allem nach großen Insulindosen, insbesondere von Verzögerungsinsulin oder auch bei Kombination von Insulin mit bestimmten Diabetestabletten (Sulfonylharnstoffderivaten) auftreten. Bei schweren Schocks muß für weitere Kohlenhydratzufuhr (Essen oder Glucose im Venentropf) und für eine langfristige (24 Stunden) Kontrolle der Blutglucose und Überwachung des Patienten gesorgt werden.

Bei Neigung zu Unterzuckerung müssen die Angehörigen Glucagon spritzen können

* Patienten, die besonders gefährdet sind, müssen Glucagon verordnet bekommen und dies immer dabeihaben. Angehörige, Freunde, insbesondere Sportkameraden müssen die Handhabung erlernt haben.

Vorbeugung vor einer Unterzuckerung

Die Gefahr einer Unterzuckerung kann vermindert werden durch exaktes Verhalten

- Einhaltung der Mahlzeiten (Zeit der Einnahme, Menge und Art der KHE beachten!).
- Einhaltung von Insulindosen, Spritz-Eß-Abstand.
- Bei vermehrter Bewegung Insulin vorher reduzieren oder/und mehr KHE essen.
- Regelmäßige Blutzuckerkontrollen, besonders wenn Hypoglycämien befürchtet werden.
- Alkohol nur gelegentlich und in Maßen und mit Zusatz-KHE.
- Immer »Schockzucker« (Würfelzucker, Traubenzuckertabletten oder andere zuckerhaltige Süßigkeiten) und einige »Not-KH« (Kekse, Knäcke o.ä.) bei sich haben.
- Diabetiker-Ausweis immer im Personalausweis* mit sich führen.
- Menschen aus dem Umfeld (Familie, Beruf, Freizeit) müssen über die Zeichen einer Hypoglycämie und die Hilfsmaßnahmen Bescheid wissen.

Bei schwerer und langfristiger Unterzuckerung den Notarzt rufen!

Leichte Hypoglycämien sind sehr unangenehm für den Betroffenen. Sie sind jedoch nicht gefährlich, wenn sie rechtzeitig erkannt und schnell behandelt werden. Schwere Hypoglycämien können jedoch zu bleibenden Schäden im Gehirn, zu gefährlichen Gefäßkrämpfen oder zu Blutungen am Augenhintergrund führen. Besonders gefährdet hinsichtlich Durchblutungsstörungen im Gehirn sind ältere Menschen. Die Furcht vor Hypoglycämie darf jedoch nicht zu einer nachlässigen Diabetesführung veranlassen, denn erhöhte Blutzuckerwerte würden die Entwicklung von Gefäßkomplikationen fördern.

* Diabetiker-Ausweis vom Arzt oder vom Deutschen Diabetiker Bund (s. S. 189) anfordern.

Sonderfälle der Behandlung eines Zuckermangelschocks

Diabetikernahrungsmittel enthalten keine Glucose. Sie sind bei Unterzuckerung wirkungslos

- Bei gleichzeitiger Einnahme von Acarbose kann nur der Einfachzucker Glucose (Hypogluc, Traubenzucker) helfen. Zucker und Stärke wirken nicht, da sie in Anwesenheit von Acarbose nicht gespalten werden.
- Glucagon wirkt nicht, wenn ein erhöhter Alkoholspiegel besteht.
- Schwere Schocks (s.o.) müssen lange überwacht werden, Glucose und Glucagon wirken nur vorübergehend.
- Alle Diabetikernahrungsmittel sind wirkungslos.

Nebenwirkungen des Insulins

Insulin ist ein körperfremdes Eiweiß. Es kann Abwehrreaktionen des Körpers (*Immunreaktionen*) hervorrufen. Früher wurde nicht selten Fettschwund an den Spritzstellen beobachtet. Antikörper gegen das Insulin binden Insulin und können so seine Wirkung verzögern. Es kann aber auch zu *entzündlichen Reaktionen* an den Spritzstellen oder seltener auch am ganzen Körper kommen. Neben dem Insulin selbst können andere Bestandteile aus den Insulinampullen, manchmal auch die Kanülen, die Katheter oder die Desinfektionsmittel Reaktionen auslösen. Eine falsche Spritztechnik verursacht nicht selten schmerzhafte Schwellung und Rötung. Durch die Anwendung moderner Insulinpräparate sind diese Reaktionen zu einer Seltenheit geworden.

Bei Hautreaktionen gegen Insulinpräparate Arzt informieren

Vorübergehende Sehstörungen oder Wassereinlagerungen (*Ödeme*) kommen häufig zu Beginn einer Insulinbehandlung vor. Sie sind z. T. Folge der Blutzuckersenkung. Die Augenlinsen nehmen dabei vermehrt Wasser auf. Damit ändert sich ihre Krümmung, und auf der Netzhaut entsteht ein unscharfes Bild. Diese Sehstörung ist harmlos, sie verschwindet nach kurzer Zeit wieder.

Die Muskelarbeit und der Sport – ihre Einordnung in die Insulintherapie

Regelmäßige Muskeltätigkeit (Training) verbessert in jedem Lebensalter das körperliche und psychische Leistungsvermögen. Für den Diabetiker ist eine regelmäßige Muskelaktivität besonders wichtig. Es kommt zur

- Verbesserung der Insulinwirkung,
- Gewichtsabnahme durch erhöhten Energieverbrauch,
- Verbesserung der Fettwerte im Blut,
- Verbesserung der Durchblutung in den kleinen und großen Blutgefäßen,
- Senkung eines leicht erhöhten Blutdruck,
- Verbesserung der Fließeigenschaften des Blutes.

Sport fördert die Gesundheit

Das Ausmaß und die Art des Trainings sind vom Lebensalter, von Begleitkrankheiten und von der bisherigen körperlichen Aktivität abhängig. Muskelaktivität muß regelmäßig durchgeführt werden und soll Spaß machen. Erzwungener Sport und sporadische Hauruck-Aktionen wirken sich eher negativ aus.

Training langsam aufbauen

Ältere Menschen sollten ein- bis zweimal in der Woche 10 bis 20 Minuten schwimmen, täglich einige Körperübungen machen, flott spazierengehen und gegebenenfalls ihren Garten bearbeiten. Schon tägliches Treppensteigen (statt Fahrstuhlfahren) bringt einen positiven Effekt. Jüngere müssen mehrmals in der Woche Sport treiben, z.B. schwimmen, radfahren, laufen, Skilanglauf betreiben oder rudern. Für diabetische Kinder und Jugendliche ist die uneingeschränkte Teilnahme an der Bewegung (Spiel, Sport, Wanderungen, Tanz u.a.) mit ihren Altersgenossen für eine gute physische Entwicklung wichtig. Von Kraft- und Kampfsportarten sowie Motorsport, Bergsteigen und Extremsportarten ist abzuraten. Sie können den Diabetiker oder auch andere gefährden. Plötzlicher starker Blutdruckanstieg kann die Augen gefährden.

Mitsportler müssen bei Unterzuckerung helfen können

Die Mitsportler des insulinbehandelten Diabetikers müssen über die Gefahr und die Behandlung einer Unterzuckerung Bescheid wissen. Es ist daher ratsam, in den ersten Sportstunden mit dem Trainer und mit ein oder zwei Sportfreunden ein offenes Wort zu sprechen.

Wirkungen von Muskeltätigkeit und Stoffwechsel

Arbeitende Muskelzellen verbrauchen viel Glucose für die Energiegewinnung. Erst werden die muskeleigenen Glucosereserven aufgebraucht, dann strömt Glucose aus dem Blut (fast von allein) in die Muskulatur. Etwas Insulin muß jedoch immer zum Öffnen der Muskelzellen vorhanden sein. Dafür wird bedeutend weniger Insulin als bei ruhender Muskulatur benötigt. **Beim Gesunden** wird deshalb die Insulinabgabe aus der Bauchspeicheldrüse während der Muskelaktivität stark gedrosselt. Bei einer derart minimalen Insulinkonzentration im Blut gibt die Leber die gespeicherte Glucose frei. Damit ist auch ohne Nahrungsaufnahme gewährleistet, daß immer genügend Energie für die aktive Muskulatur und genügend Glucose für das Gehirn zur Verfügung stehen. Erst bei Nahrungsaufnahme wird mehr Insulin abgegeben, so daß sich die Speicher wieder mit Glucose auffüllen können. Auf diese Weise bleibt der Blutzucker beim Gesunden konstant, obwohl viel Glucose bei Muskeltätigkeit verbraucht wird.

Bei Muskelaktivität gibt die gesunde Bauchspeicheldrüse nur ganz wenig Insulin ab

Beim Diabetiker mit komplettem Mangel an eigenem Insulin ist diese Regulation gestört. Bei Muskelaktivität drohen dem Typ I-Diabetiker daher zwei Gefahrensituationen:

- **Einerseits kann Insulin fehlen,** so daß es in den tätigen Muskelzellen zum Glucosemangel (Energiemangel) kommt. Die Leber macht aus dem Glycogen Glucose frei. Sie staut sich vor den Zellen. *Muskeltätigkeit bei Insulinmangel verursacht eine Stoffwechselverschlechterung.*

Sport im Insulinmangel treibt den Blutzucker hoch

- **Andererseits kann zuviel Insulin vorhanden sein,** weil die Wirkung des gespritzten Insulins nicht mehr gedrosselt werden kann. Es kommt zu einer verstärkten Blutzuckersenkung. Ohne zusätzliche Nahrungsaufnahme besteht die Gefahr der Hypoglycämie, denn die starke Wirkung des gespritzten Insulins hemmt die Glucoseabgabe der Leber. Auch einige Zeit nach einer intensiveren Muskeltätigkeit kann diese Hypoglycämieneigung weiterbestehen. Typischerweise kommt es dann zu Hypoglycämien in der Nacht oder am folgenden Morgen nach einer Dauerleistung (Wanderung usw.), wenn die Glucosedepots wieder aufgefüllt werden.

Sport unter Insulinwirkung senkt den Blutzucker

Für den Typ I-Diabetiker gilt daher bei Muskeltätigkeit:

- **Vermeidung von Hyperglycämien** (Blutzuckeranstieg: *Muskeltätigkeit muß immer bei guter Blutzuckerlage* bzw. unter Wirkung von Insulin und nach der Nahrungsaufnahme durchgeführt werden.
- **Vermeidung von Hypoglycämien** (Unterzuckerung): *Vor Muskeltätigkeit muß Insulin reduziert werden* oder es müssen *Kohlenhydrate in ausreichender Menge* zugeführt werden! Bei intensiver Muskeltätigkeit gilt dies auch noch Stunden nach der körperlichen Aktivität.

Achtung vor Spätschocks

Beim insulinbehandelten Typ II-Diabetiker kann die Situation anders aussehen. Er hat meist noch eigenes Insulin. Eine erhöhte Muskeltätigkeit führt meist zur Verbesserung der Diabetesführung. Die Insulinresistenz nimmt ab, die Blutfette werden gebessert, das Blutglucoseniveau wird gesenkt. Auf eine Hypoglycämie muß er nach vermehrter Muskelaktivität auch achten, obwohl sie seltener auftritt. Weil bei ihm jedoch oft Nebenerkrankungen bestehen, sind bestimmten körperlichen Aktivitäten Grenzen gesetzt. Trotzdem sollten Typ II-Diabetiker nach ärztlicher Beratung mit Konsequenz langsam die körperliche Aktivität steigern. Sie sollten sich möglichst ambulanten Rehabilitations-Sportgruppen anschließen. (In »Herz-Sportgruppen«, die von ausgebildetem Personal betreut werden, sind sie gut aufgehoben.)

Typ II-Diabetiker in ambulante Rehabilitations-Sportgruppen

Faustregeln zur praktischen Stoffwechselführung bei Muskeltätigkeit

Jede Muskeltätigkeit zählt, gleich ob es sich um Sport, Hausarbeit, Bewältigung des Arbeitsweges mit eigener Muskelkraft oder um berufliche Tätigkeit handelt.

- Jeder reagiert unterschiedlich stark. Durch regelmäßige Blutzuckerbestimmungen, vor und nach besonderer Muskeltätigkeit, muß man deshalb eigene Erfahrungen sammeln!
- Das Ausmaß einer Blutzuckersenkung bzw. einer Insulineinsparung hängt vom *Energieverbrauch*, d.h. von der Intensität und Dauer einer Muskelaktivität, ab. Die Angaben in Tabelle 13 sind nur grobe Richtwerte. Man kann sich bei jeder Arbeit und jeder Sportart unterschiedlich verausgaben. Der Untrainierte benötigt mehr Energie.

Die Wirkung der Muskelaktivität ist schwierig einzuschätzen

Die Muskelaktivität, bei der der Energieverbrauch etwa 100 kcal[1] beträgt, wird als eine Bewegungseinheit (BWE) bezeichnet.

[1] kcal = 1 Kilokalorie = Maßeinheit für Energie

Faustregel für den Zusatz von Kohlenhydraten oder Abzug von Insulin bei Bewegung:

1 BWE ⇒ + > 1,0 KHE oder − 1 E Insulin

Einer BWE (Bewegungseinheit) entsprechen ungefähr folgende Muskelaktivitäten (in Anlehnung an O. BAR-OR, 1986)

Tabelle 13: **Kalkulation der Muskelaktivität**

Muskel-tätigkeit	**Minuten**	Bewegungsart	Strecken-länge
Leicht		Hausarbeit	
	45	Gehen (Flachland)	≈ 4 km/h
	20	Radfahren	10 km/h
		Gartenarbeit (leicht)	
Mittel	15	Rückenschwimmen	
		Gartenarbeit (schwer)	
		Kraul- und Brustschwimmen	> 30 m/min
		Gehen (Flachland)	≈ 6 km/h
		Radfahren	15 km/h
		Skilanglauf	
		Lauf	8 km/h
		Bergsteigen	
		Treppensteigen	
Schwer	10	Squash	
		Fuß- und Handball (lebhaftes Spiel)	
		Judo, Aerobic	
		Holzhacken	

Ausmaß der Muskeltätigkeit muß grob geschätzt werden

• **Bei kurzfristiger intensiver Muskeltätigkeit** von 1 bis 2 Stunden wird also Insulin vorher abgezogen oder KHE zugelegt. Die Muskelaktivität läßt sich jedoch nicht immer planen, so sind z.B. viele Tätigkeiten wetterabhängig. Auch, Kinder sollen sich nicht ausschließen, wenn die Freunde plötzlich

Beispiele für den Austausch von Insulin und/oder KHE bei unterschiedlicher Intensität der Muskelaktivität:

30 Minuten Muskelaktivität

Leicht ≙ (1 BWE):	+ >	1,0 KHE oder	− 1 E Insulin
Mittel ≙ (2 BWE):	+	2–3 KHE oder	− 2 E Insulin
Schwer ≙ (3 BWE):	+	4–5 KHE oder	− 3 E Insulin

Traubenzucker oder Hypogluc beim Sport immer dabei

mit dem Ball vor der Tür stehen. Fällt die Muskeltätigkeit noch in die Wirkungszeit des vorher gespritzten Insulins, dann müssen Zusatz-KHE vorher gegessen und reichlich Zucker bzw. Schokolade eingesteckt werden.

Findet eine Muskeltätigkeit in einer Zeit statt, in der kaum noch eine Insulinwirkung zu erwarten ist, dann müssen nach Selbstkontrolle evtl. 2 bis 4 E Normalinsulin gespritzt und 1 bis 2 KHE gegessen werden. Das wäre z.B. der Fall, wenn im Urlaub noch vor dem Frühstück (d.h. auch vor der ersten Insulininjektion) ein Strandlauf oder eine Strandgymnastik durchgeführt werden.

Zuviel Zusatz-KHE sind weniger schädlich als Insulinmangel oder Unterzuckerung

Dehnt sich ein lebhaftes Spiel länger als vorgesehen aus, müssen im Abstand von etwa einer Stunde Traubenzucker, Schokolade o.ä. Kohlenhydrate gegessen werden. Schnell aufschließbare Kohlenhydrate (Traubenzucker u.a.) gehören deshalb beim Sport unbedingt in die Hosentasche), an den Spielfeldrand bzw. griffbereit in den Umkleideraum.

Achtung! Besonders beim Schwimmen kann eine Unterzuckerung lebensgefährlich sein. Vorher 2 bis 3 leicht verdauliche KHE essen: Niemals allein schwimmen!

• **Bei langfristiger Ausdauerleistung** (z.B. Tageswanderung im Gebirge, intensive Bautätigkeit am Wochenende, Dauertanz) wäre jede Insulindosis, einschließlich der Insulingabe am Abend nach der Muskeltätigkeit, zu reduzieren (wenigstens um 30%). Zusätzlich sind zwischen den Mahlzeiten 1 bis 2 schnell aufschließbare KHE (Keks, Zucker, Schokolade) zu essen. Bei derartigen energieintensiven Leistungen werden Kuchen oder normales Eis ohne Blutzuckeranstieg verkraftet. Schockzucker muß bereitgehalten werden! Außerdem ist immer die Spätwirkung, z.B. in der folgenden Nacht oder am folgenden Tag, zu beachten! Bei allen Ausdauerleistungen muß reichlich getrunken werden.

Traubenzucker oder Zucker – immer griffbereit halten

Nächtliche Schocks gilt es durch ein reichhaltiges Spätstück und durch eine Reduktion der nächtlichen Insulindosis (um ca. 30 bis 50%) zu vermeiden. Blutzuckerbestimmungen sind nach Ausdauerleistungen unbedingt vor dem Schlafengehen und am nächsten Morgen durchzuführen.

Nach Ausdauerleistung kann es zum »Spätschock« kommen

- **Wenn eine geplante Muskelaktivität ausfällt,** aber schon Insulin reduziert wurde, sollte möglichst eine adäquate Ersatztätigkeit durchgeführt werden (s. Tab. 13). Ansonsten kann man sich über zusätzliche Zwischeninjektionen von 2 bis 4 E Normalinsulin unter Selbstkontrolle wieder in das übliche Tagesregime eintakten oder die reduzierte Dosis des Basalinsulins (oder Basalrate) wieder ergänzen.

- **Folgende Sondersituationen sind zu beachten:**

– Bei starker psychischer Aufregung (z.B. bei einem verbissenen Fußballmatch) oder bei körperlich erschöpfender, d.h. übermäßiger Muskeltätigkeit kann die blutzuckersenkende Wirkung einer Muskeltätigkeit zeitweise aufgehoben werden. Es kann zur Blutzuckererhöhung kommen, weil die Streßhormone vermehrt ausgeschüttet werden. Diese Blutzuckererhöhung dauert nur kurz an (1 bis 2 Stunden). Vor hohen Korrekturen mit Insulin ist jedoch zu warnen. Der Blutzucker sinkt meist wieder ab. Deshalb nach dem Sport immer bei sehr hohem Blutzucker (> 12 mmol/l) höchstens 1 bis 4 E Normalinsulin in die Bauchhaut und anschließend Kontrollen. Es kann

Aufregung oder Überanstrengung beim Sport – Blutzuckererhöhung

Achtung vor »heimtückischen Spätschocks« nach intensiver Muskeltätigkeit

danach, u.U. 12 Stunden später, durchaus zum Spätschock kommen.

– Alkohol verstärkt die blutzuckersenkende Wirkung der Muskeltätigkeit. So gilt es, z.B. bei Tanz und Alkoholgenuß, zusätzlich zu essen und/oder Insulin zu reduzieren. Auch hier wäre eine mögliche Spätwirkung in der folgenden Nacht bzw. am nächsten Morgen zu beachten und durch Blutzuckerbestimmung zu kontrollieren.

– Wärme und Sonneneinstrahlung beschleunigen die Insulinaufnahme aus dem Unterhautfettgewebe (Achtung vor Unterzuckerung!). Ein Sonnenbrand dagegen erhöht den Insulinbedarf. Er sollte vermieden werden.

Empfehlungen für einen »faulen« Tag

Übergewichtige – Essen reduzieren. Normalgewichtige – Insulin erhöhen

Wenn für einen ganzen Tag weniger Muskeltätigkeit anfällt, muß das berücksichtigt werden (z.B. eine ganztägige Bahnfahrt, Ruhigstellung, weil der Fuß verstaucht wurde, Regentage im Urlaub oder am Wochenende u.a.).

- Am besten pro Mahlzeit 0,5 bis 1 KHE weniger essen, aber normale Insulindosis spritzen oder
- jede Injektion um 10 bis 20 % erhöhen,

d.h. z.B.	statt	4 Einheiten	5 Einheiten
	statt	8 Einheiten	9 bis 10 Einheiten
	statt	16 Einheiten	18 bis 20 Einheiten oder

- Insulindosis mittels Selbstkontrolle anpassen (s. Tab. 11), wobei besonders die »hyperglycämischen Schwachstellen« kontrolliert werden sollten.

Grobe Faustregeln für den Sportbeginn

Blutglucose mmol/l	mg/100 ml	
<7	<130	2 KHE
7–11*	130–200*	Ø
11–15	200–250	1–2 E Insulin
>15	>270	Kein Sport, Erst mit Insulin den Stoffwechsel in Ordnung bringen

* Fällt die Sporttätigkeit noch in die volle Wirkzeit des vorher gespritzten Insulins, dann sind KHE vorzulegen. Man muß deshalb die Wirkung des gespritzten Insulins kennen. So ist 3 Stunden nach Injektion von Lys Pro Insulin keine Wirkung mehr zu erwarten. Bei Normal- oder Verzögerungsinsulin dagegen beginnt die maximale Wirkung.

Selbstkontrollen und Kontrolluntersuchungen durch den Arzt

Selbstkontrollen bringen dem Diabetiker Sicherheit und Freiheit. Die Häufigkeit und der Zeitpunkt der Messungen werden zusammen mit den diabetologischen Betreuern festgelegt.

- *Blutglucose.* Das Blut wird aus dem Ohrläppchen (vor dem Spiegel klappt es nach einiger Übung) oder aus der seitlichen Fingerbeere durch etwa 2 mm tiefes Einstechen mit einer scharfen Kanüle oder einer Lanzette gewonnen. Die Bestimmung des Wertes erfolgt durch Sichtvergleich mit einer Farbskala (gute Lichtverhältnisse sind notwendig) oder in einem elektronischen Meßgerät, welches das Testergebnis digital anzeigt.
- *Uringlucose.* Die Zuckerausscheidung im Urin zeigt indirekt das Blutzuckerverhalten über eine bestimmte Zeitperiode an. *Mini- oder Spoturin* (Spot = Punkt): Blase entleeren, nach 30 bis 60 Minuten erneut Harn lassen und mit Harnzuckerteststreifen untersuchen. Jetzt kann man grob abschätzen, wie sich die Blutzuckerkonzentration in dieser kurzen Zeit verhielt: Negativ bedeutet, der Blutzucker war unter der Nierenschwelle; schwach positiv bedeutet, der Blutzucker ist erhöht und bewegte sich an der Grenze zur Nierenschwelle (8 bis 9 mmol/l [140 bis 160 mg/100 ml]). War die Urinprobe positiv, dann muß die Blutzuckerkonzentration über der Nierenschwelle gelegen haben.

Glucosebestimmung im Miniurin = grobe Orientierung

Eine Abschätzung ist nur möglich, wenn der Teststreifen die Glucosekonzentration quantitativ anzeigt und die eigene Nierenschwelle bekannt ist. Die Glucosemenge im *Sammel-*

Tabelle 14a: **Selbstkontrollmöglichkeiten für den Blutzucker**

	Blutzuckerbestimmung				
Teststreifen	Farbvergleich mit einer Skala	Meßgerät[1]	Meßbereich (mmol/l)	Dauer der Messung (s)	Anzahl der Werte, die gespeichert werden können
Haemogluco-Test 20–800R	+	∅	1,0–44	120	—
Haemogluco-Test 20–800R	+	Reflolux S	0,5–27,7	120	20
Accutrend-Glucose	(+)	Accutrend-DM	1,1–33,3	12	500
Accutrend-Glucose	(+)	Accutrend-Alpha	1,1–27,8	12	9
Accutrend-Sensor	∅	Accutrend-Sensor	0,6–33,3	40	100
Glucostix	+	Glucometer GX	1,1–27,8	60	10
Glucofilm	(+)	Glucometer III			10
Glucofilm	(+)	Glucometer M+			300
Glucometer Elite Sensor	∅	Glucometer Elite	2,2–27,8	60	10
Gluco Touch	(+)	Gluco Touch	0–27,8	30	10
One Touch	∅	One Touch Basic	0–33,3	45	3
One Touch	∅	One Touch II	0–33,3	45	250
Sensor Electrodes	∅	Medi Sense	1,1–33,0	20	10
Sensor Electrodes Plus	∅	Präzision		125	

1 mmol (= 18 mg/100 ml)

[1] Eine Möglichkeit der Kostenerstattung ist teilweise gegeben bei sehr labilem Diabetes, bei Sehstörungen, bei Schwangerschaft, bei intensivierter Insulintherapie (einschließlich Pumpen), bei fortgeschrittenen Folgeschäden, bei Kindern und Jugendlichen. Voraussetzung sind Eignung des Patienten und Beherrschung der Selbstkontrolle.

\+ Die Genauigkeit der Werte ist in der Regel bei Farbvergleich und Messung mit einem Gerät gleich.

(+) Grobeinschätzung möglich.

urin reflektiert summarisch das Blutzuckerverhalten über eine längere Zeit.

- *Urinaceton.* Eine Kontrolle des Urins auf Aceton ist notwendig, wenn Verdacht auf eine beginnende Acetonvergiftung besteht. Das wäre z.B. bei Übelkeit, Erbrechen und Appetit-

Acetonteststreifen: – bei intensivierter Insulintherapie, – bei Fernreisen, – bei Krankheit

losigkeit und fieberhaften Infekten oder wenn der Blutzucker konstant hoch ist der Fall (siehe Kapitel »Das diabetische Koma, Acetonvergiftung«).

- *Körpergewichtskontrollen* (wöchentlich) sind insbesondere bei Typ II-Diabetikern notwendig.
- Kontrolle der Füße (s. S. 138).

Tabelle 14b: **Urinteststreifen zur Selbstkontrolle für Glucose und Aceton**

Bestimmung von	Teststreifen
Glucose	Diabur Test 5000 Diastix
Aceton	Ketur Test Ketostix
Glucose + Aceton	Keto Diabur Test Keto-Diastix

Protokollführung

All diese Untersuchungen, die der Diabetiker selbst durchführt, sind erst dann von Gewinn, wenn sie im Zusammenhang mit Insulin, KHE, Muskelaktivität, Hypoglycämie usw. aufgeschrieben werden. Nur so ist es möglich, die eigenen Regeln (Tab. 11) zu finden und aus Fehlern zu lernen. Ohne ein derartiges Protokoll ist eine sinnvolle gemeinsame Beratung mit dem Arzt über die Diabetesführung nicht möglich.

Gemessene Werte übersichtlich notieren!

Bestimmte **Untersuchungen, die vom Arzt durchgeführt oder veranlaßt werden,** sind für einen Diabetiker unbedingt notwendig. Der Patient ist mitverantwortlich und muß auch selbst auf diese Kontrollen aufmerksam machen (Tab. 15 und Gesundheits-Paß Diabetes im Anhang).

Tabelle 15: **Laboruntersuchungen und ärztliche Kontrollen, die beim Diabetiker regelmäßig durchzuführen sind (siehe Gesundheits-Paß Diabetes im Anhang)**

Laboruntersuchungen	**Im Jahr mindestens**[1]
• **HbA$_1$** (oder **HbA$_{1c}$**) **im Blut** • **Fettwerte** im Blut (Cholesterin u. a.)	1- bis 2mal
• **Urin: Eiweiß**[2] **Sediment** (d. h. Entzündungszeichen)	1- bis 2mal **Sediment bei Frauen häufiger**
• **Kreatinin** • **Harnstoff** im Blut geben über die Nierenfunktion Auskunft	1mal
Kontrollen durch den Arzt	
• **Blutdruck**	bei jedem Arztbesuch, evtl. Selbstmessung
• **Augenarzt** • **Zahnarzt** • **Füße** • **Ärztliche Kontrolle einschließlich Kontrolle der Nervenfunktion**	1- bis 2mal

[1] Häufiger bei auffälligen Befunden kontrollieren.
[2] Eiweiß kann man selbst mit Teststreifen bestimmen.

Der Diabetiker ist für regelmäßige Kontrolluntersuchungen selbst verantwortlich

Die Häufigkeit der Untersuchungen richtet sich nach Alter, Begleiterkrankungen und nach der Dauer des Diabetes. Bei Langzeitdiabetes oder wenn bereits Spätschäden bestehen, müssen bestimmte Untersuchungen in kürzeren Abständen durchgeführt werden.

Die erhöhte Konzentration der Blutfette (Hyperlipoproteinämie = HLP)

Fette (Lipide) sind im Blut an Eiweiße (Proteine) gebunden = Lipoproteine.

Die wichtigsten Blutfette und ihre Grenzwerte:

Triglyzeride (TG)	<1,7 mmol/l	<150 mg/100 ml
Cholesterin (Ch)	<5,2 mmol/l	<200 mg/100 ml
HDL-Cholesterin (HDL-Ch)	>0,9 mmol/l	> 35 mg/100 ml

HLP fördert Gefäßverengung

Erhöhte Fettwerte im Blut (HLP = Hyperlipoproteinämie) fördern die Arteriosklerose (Gefäß»verkalkung«). Herz- und Kreislauf-Erkrankungen sind die Folge. Sie sind die Hauptursache von verfrühten Todesfällen in den entwickelten Industriestaaten. Tod oder Frührente infolge Verengung der Herzkranzgefäße, Durchblutungsstörungen an den Beinen und im Gehirn sind bei Diabetikern sogar mehrfach häufiger als in der nichtdiabetischen Bevölkerung. Risikofaktoren für die Entstehung dieser Gefäßveränderungen sind Übergewicht (Bierbauchtyp), Hyperlipoproteinämie, Diabetes, hoher Blutdruck, mangelhafte Bewegung, Fehlernährung und Rauchen sowie Erbfaktoren.

Rauchen verstärkt die Gefahr

Eine HLP bei Diabetikern ist meist Folge eines mangelhaft geführten Diabetes (sekundäre HLP). Die Art der HLP und ihre Ursachen sind für beide Diabetestypen unterschiedlich.

Typ I-Diabetes: Vorwiegend Erhöhung der Triglyzeride. Die Ursache ist meist eine ungenügende Stoffwechselführung.

Eine Besserung tritt in der Regel mit einer lückenlosen Insulingabe auf.

Typ II-Diabetes: Erhöhung der Triglyzeride, des Cholesterins und Verminderung des HDL-Cholesterins (guter Fettwert). Die Ursachen sind meist Übergewicht, Fehlernährung, schlechte Diabetesführung, mangelhafte Bewegung. Bei einigen Patienten kommt es zur Erhöhung der Triglyzeride durch zuviel Insulin. Die Behandlung besteht in erster Linie in der Durchsetzung der Basistherapie. Das gesamte Krankheitsbild, zu dem auch erhöhter Blutdruck, die Insulinresistenz und Gefäßverengungen gehören, wird als *metabolisches Syndrom (Stoffwechselsyndrom*, auch *Syndrom X*) bezeichnet.

Auch Harnsäure ist oft erhöht (Risiko für Erkrankung an Gicht)

Bei beiden Diabetestypen kann auch eine familiäre Veranlagung für eine HLP vorkommen.

Erhöhte Fettwerte im Blut müssen bei Diabetikern unbedingt normalisiert werden.

Regelmäßige Kontrolle

- Triglyzeride (TG)
- Cholesterin (Ch)
- evtl. auch das »gute« Lipoprotein HDL-Cholesterin (es sorgt für einen Abtransport schädlicher Fette aus dem Blut), je höher, um so besser.

Basismaßnahmen

- Körpergewicht normalisieren!
- Gesunde Ernährung (HLP-Diät).
- Muskelaktivität erhöhen, Training aufbauen.
- Zusätzliche Risikofaktoren (Rauchen und erhöhten Blutdruck) ausschalten.
- Gute Diabetesführung.

Die Basismaßnahmen sind wichtiger als Medikamente

- Andere Medikamente, die den Fettspiegel erhöhen könnten, wird der Arzt absetzen.
- Vermeiden von zuviel Insulin.

Medikamente können Nebenwirkungen haben

Medikamente gegen erhöhte Blutfettwerte
Ihre Anwendung ist erst nach Ausschöpfung der o.a. Basismaßnahmen und unter ihrer ständigen Fortführung gerechtfertigt. Die Medikamente gegen erhöhte Fettwerte sind nicht frei von Nebenwirkungen. Ihre Anwendung muß regelmäßig ärztlich überwacht werden.

Auch fortgeschrittene Folgekrankheiten des Diabetes, z.B. die diabetische Nierenerkrankung, können zu einer HLP führen. Angeborene schwere Fettstoffwechselstörungen sind relativ selten. Sie bedürfen einer Behandlung durch Spezialisten.

Bei Senkung von erhöhten Blutfettwerten wird die Insulinwirkung verbessert. Die Insulindosis muß angepaßt werden.

Der Bluthochdruck

Die gefährliche Wirkung von hohem Blutdruck wird oft unterschätzt

Bluthochdruck (Hypertonus) ist eine weitverbreitete Erkrankung. Wird er nicht behandelt, sind schwerwiegende Schäden an den Gefäßen und am Herzen die Folge. Zunehmende Herzschwäche, Durchblutungsstörungen, Herzinfarkt, Schlaganfall und Nierenschäden treten vermehrt auf.

Blutdruck: Das Herz pumpt das Blut schubweise in den Organismus. Mit jedem Herzschlag kommt es zu einem hohen Druck (systolischer Wert) im Gefäßsystem. Bei Entspannung des Herzmuskels sinkt der Druck auf einen niederen Wert (diastolischer Wert). Bei Blutdruckmessungen werden diese beiden Werte angegeben.

Blutdruckwerte

RR[1] (mmHg)[2]	systolisch	diastolisch	
	bis 140	bis 90	normaler Blutdruck
	140–149	90–95	Grenzbereich
	ab 150	ab 95	eindeutig erhöhter Blutdruck[3]

[1] RR = Riva Rocci, Erfinder des Blutdruckapparates
[2] mm Quecksilbersäule
[3] gemessen ohne körperliche oder psychische Belastung

Bluthochdruck und Diabetes mellitus kommen oft gemeinsam vor: Bei Typ II-Diabetikern ist der erhöhte Blutdruck in der Regel schon vor der Feststellung der Zuckerkrankheit vorhanden. Er gehört zum sogenannten metabolischen Syndrom, während der Hypertonus beim Typ I-Diabetes meist erst nach längerer Krankheitsdauer beobachtet wird. Er könnte dann das erste Zeichen einer beginnenden Nierenschädigung sein.

Hoher Blutdruck fördert diabetische Spätschäden

Für den Diabetiker hat der erhöhte Blutdruck eine besondere Bedeutung. Er kann die Entwicklung aller diabetischen Gefäßkomplikationen, insbesondere die Schädigung der Nieren, entscheidend fördern. Regelmäßige Blutdruckkontrolle, Vorbeugung und rechtzeitige Behandlung eines erhöhten Blutdrucks sind deshalb sehr wichtig. Schon von der Behandlung leicht erhöhter Blutdruckwerte (Grenzwerte) verspricht man sich einen positiven Effekt für den weiteren Verlauf der Erkrankung.

Basismaßnahmen stehen an erster Stelle

Vorbeugung und Behandlung eines Hypertonus

- Regelmäßige Kontrollen des Blutdrucks
- **Normalgewicht!**
- Salzarme Ernährung
- Muskelaktivität und körperliches Training ein Leben lang
- Nichtrauchen
- Gute Stoffwechselführung
- Medikamentöse Behandlung

Blutdrucksenkende Medikamente mit guten Wirkungseigenschaften sind in großer Zahl entwickelt worden. Ihr Einsatz hat z.T. nachweislich die Folgeschäden eines Hypertonus, sowohl bei Diabetikern als auch bei Nichtdiabetikern, vermindert. Insbesondere die Entstehung und das Fortschreiten diabetischer Nierenveränderungen kann durch rechtzeitige Blutdruckbehandlung verzögert werden. Es gibt jedoch keine wirksamen Medikamente, die nicht auch Nebenwirkungen haben. Für Diabetiker können derartige Seiteneffekte von bestimmten Blutdruckmedikamenten eine besondere Bedeutung haben. Als Beispiel seien einige der Betarezeptorenblocker angeführt. Sie »blockieren« das sympathische Nervensystem. Das Herz schlägt ruhiger, der Blutdruck sinkt. Damit können aber auch Warnsymptome (z.B. Herzklopfen, Schweißausbruch) und die Gegenregulation einer Unterzuckerung »blokkiert« werden. Es besteht dann die Gefahr, daß es plötzlich ohne Warnung zu schweren Unterzuckerungen mit Bewußtlosigkeit kommen kann. Andere Blutdruckmedikamente können eine negative Auswirkung im Fettstoffwechsel oder auf die erektile Potenz (Steifheit des männlichen Gliedes beim Geschlechtsverkehr) haben. In wissenschaftlichen Studien wurde nachgewiesen, daß es im breiten Angebot der blutdrucksenkenden Medikamente einige gibt, die für Diabetiker besonders geeignet sind.

Rechtzeitige Blutdruckbehandlung verhindert Folgeschäden

Das diabetische Koma, Acetonvergiftung

Insulinmangel kann zum Koma führen

Fehlt dem Körper Insulin, so kommt es zu einer hohen Konzentration des Blutzuckers und zur Harnflut sowie zu einer vermehrten Bildung von Aceton (siehe Kapitel »Merkmale des insulinpflichtigen Diabetes«). Der Organismus wird durch das Aceton vergiftet und übersäuert (Ketoacidose). Die Harnflut führt zur hochgradigen Austrocknung. Diese schwere Stoffwechselentgleisung, die auch in eine Bewußtlosigkeit (Koma) führen kann, ist immer lebensgefährlich. Zum Insulinmangel kommt es, wenn Insulin weggelassen bzw. wenn zuwenig Insulin gegeben wurde oder wenn bei einem erhöhten Bedarf an Insulin (z.B. bei einer fieberhaften Erkrankung) die Insulindosis nicht erhöht wurde. Meist sind es Zweiterkrankungen, die ein diabetisches Koma auslösen (siehe Kapitel »Erkrankungen bei insulinbehandelten Diabetikern«).

Übelkeit und Erbrechen bei Diabetikern = Signal höchster Gefahr

Die Anzeichen für eine schwere diabetische Stoffwechselentgleisung sind:

- Ungewöhnlicher Durst – große Harnmengen
- *Appetitlosigkeit, Übelkeit*
- Erbrechen
- Müdigkeit, Schlappheit, Gliederschwere
- Acetongeruch bzw. -ausscheidung im Urin
- Benommenheit, Schläfrigkeit (Bewußtlosigkeit)
- Bauchschmerzen
- Zwangsatmung (tiefe und beschleunigte Atemzüge), gerötetes Gesicht.

Bei den ersten Anzeichen einer drohenden Acetonvergiftung oder eines Wassermangels muß sofort eine Untersuchung des Blutzuckers und des Urins auf Aceton erfolgen. Der Blutzucker ist meist stark erhöht. (Ausnahme: Bei Trägern von *Insulinpumpen*, Schwangeren und bei Kindern und *Jugendlichen* kann eine Acetonvergiftung schon bei relativ niedrigen Blutzuckerwerten vorkommen.) Der Urin ist normalerweise frei von Aceton, schon eine geringe Verfärbung des Acetonteststreifens ist sehr ernst zu nehmen.

Relativ niedrige Blutzucker schließen bei Insulinpumpenträgern eine Acetonvergiftung nicht aus!

Was ist zu tun?

Ein Koma erfordert immer eine Krankenhausbehandlung, deshalb ist **sofort Kontakt zum Arzt** aufzunehmen. Die Dauer und die Schwere der Acetonvergiftung entscheiden über das Leben. Man darf keines falls untätig warten.

Bei Verdacht auf Acetonvergiftung sofort handeln!

Sofortige Selbsthilfemaßnahmen bei Verdacht auf eine schwere Stoffwechselentgleisung (drohendes Koma):

- **Sofort Insulin** spritzen, am besten 4 bis 8 E Normalinsulin in ½- bis 2stündigen Abständen,
- Reichlich **Flüssigkeit** (mehr als 3 l am Tag), dünnen Tee, Wasser oder Schleim, mit einer Prise Salz trinken. Wenn Brechreiz besteht, muß sehr vorsichtig schluckweise (löffelweise) in kurzen Abständen getrunken werden.
- Bei niedrigerem Blutzucker (unter 11 mmol/l [200 mg/100 ml]) muß etwas Traubenzucker zugesetzt werden, oder es müssen gut verträgliche Kohlenhydrate gegessen werden (auch Aceton verbrennt im Feuer der Kohlenhydrate).

Insulin zur Sicherheit mit Spritze geben

- Alle körperlichen Anstrengungen sind zu vermeiden! Hinlegen!
- **Selbstkontrolle** (Blutzucker, *Aceton im Urin*) 1- bis 2stündlich durchführen.
- Bei häufigem Erbrechen muß dem Körper die lebensnotwendige Flüssigkeit über die Blutgefäße (Venen) in einem Tropf zugeführt werden, deshalb ist eine schnelle Krankenhausbehandlung lebensnotwendig.

Sofort kleine Dosen von Normalinsulin geben und trinken

Zur Vorbeugung eines Komas wäre zu merken:

- Niemals und unter keinen Umständen die Insulinzufuhr unterbrechen (auch wenn nichts gegessen wird)!
- Bei Infekten und Erkrankungen stets häufiger Selbstkontrollen durchführen und die richtigen Maßnahmen (Insulin, Flüssigkeit, Kohlenhydrate, Arztkontakt) durchführen.

- Bei Übelkeit und Erbrechen immer daran denken, daß es Zeichen einer drohenden Acetonvergiftung sein können.

Besonderer Beachtung bedürfen Stoffwechselentgleisungen auf Reisen im Ausland (s. S. 151).

Erkrankungen bei insulinbehandelten Diabetikern

Häufiges Testen von Blutzucker und von Urinaceton bei Erkrankungen

Zusätzliche Erkrankungen, auch Operationen bei Diabetikern haben heute bei einer guten Stoffwechselführung die gleichen Heilungsaussichten wie bei Nichtdiabetikern.

Fünf dringende Regeln bei Erkrankungen:

- Niemals die Insulinbehandlung unterbrechen! Das gilt auch, wenn man kaum etwas essen kann!
- Regelmäßig leicht verdauliche Kohlenhydrate essen oder trinken!
- Regelmäßig und reichlich Flüssigkeit trinken! (Mindestens 3 l.)
- Häufige Selbstkontrollen (Blutzucker, Aceton im Urin) durchführen!
- Kontakt zum Arzt aufnehmen!

Insulin niemals weglassen

Der Insulinbedarf ist bei Infekten, Wundheilung und Bettruhe immer erhöht. Je höher die Temperatur, um so höher ist der Insulinbedarf. Jeder reagiert jedoch anders. Empfehlungen zum Vorgehen: Selbstkontrollen regelmäßig vor den Mahlzeiten, bei leichten Erkrankungen Insulin wie bisher weiterspritzen, regelmäßig die Mahlzeiten einhalten, Fett, Fleisch, Wurst und Käse reduzieren oder sogar weglassen. Bei höherem Blutzucker (ab 10 mmol/l bzw. 180 mg/100 ml) oder prinzipiell bei Fieber sind kleine Dosen, d.h. 2 (bis 8) E Normalinsulin in etwa zweistündigen Abständen zu injizieren und auch nachts von Verzögerungsinsulin auf zweimal Normalinsulin überzugehen, 4 (bis 6) E etwa 22.00 Uhr und etwa 3.00 Uhr. *Die beste Insulineinstellung für Krisensituationen ist diese 6malige (oder häufigere) Gabe von Normalinsulin* (s. Abb. 18, S. 86). Die erhöhte Insulindosierung kann man erst reduzieren, wenn der Blutzucker in den Zielbereich zurückgeht (bzw. Schocknähen auftreten).

Kohlenhydrate = Energiequelle und Schutz gegen Acetonbildung

Eine **Nahrungsaufnahme** muß regelmäßig, d.h. 5- bis 6mal (etwa 3 bis 4 KHE/Mahlzeit), erfolgen. Leicht verdauliche, gut resorbierbare Kohlenhydrate als Suppe, Pudding, Kompott, Zwieback, Toastbrot u.ä. sind gut geeignet. Bei Infekten und bei Appetitlosigkeit werden erfrischende Obstspeisen bevorzugt. Bei starker Appetitlosigkeit kann die notwendige Energiezufuhr durch Anreichern der o.a. Speisen mit Honig, Traubenzucker oder Zucker gesichert werden. Das ist natürlich nur sinnvoll, wenn der Blutzucker mindestens unter 10 mmol/l (180 mg/100 ml) durch Insulin gehalten werden kann.

Viel trinken schützt vor Austrocknung

Bei Fieber, hohem Blutzucker und bei Durchfall verliert der Körper sehr viel Wasser. Es muß immer *reichlich Flüssigkeit* zugeführt werden.

Erbrechen, starke Übelkeit und heftiger Durchfall sind für einen insulinspritzenden Diabetiker immer gefährlich.

Bei Übelkeit immer an Acetonvergiftung denken

Es drohen Acetonvergiftung und Austrocknung; Saft, Tee oder Schleim müssen schluckweise getrunken werden (mindestens 3 l am Tag, bei Durchfall oder bei schlechtem Stoffwechsel wesentlich mehr). Es ist auch zu beachten, daß Übelkeit und Erbrechen nicht immer Folge einer Erkrankung im Verdauungssystem sind. Bei Diabetikern sind sie dagegen meist Anzeichen einer drohenden Acetonvergiftung. Bei häufigem

Erbrechen ist unbedingt ein Arzt zu rufen. Eine rechtzeitige Flüssigkeitsinfusion (Tropf) in die Blutgefäße kann lebensrettend sein.

In jedem Fall sind bei Erkrankungen *Selbstkontrollen* (Blutzucker, Urinaceton in zweistündigen Abständen) *notwendig* (s. Koma Seite 120, Reisedurchfall Seite 154).

Ambulante Diagnostik und Behandlung bei anderen Ärzten

Eingriffe und Diagnostik in Ruhe absprechen

Der Arzt und die Sprechstundenhilfe sind zu informieren, daß ein insulinbedürftiger Diabetes besteht. Notfalls muß auf die Einhaltung von Spritz- und Essenszeiten besonders hingewiesen werden. Die Unterlagen, Therapiezettel, Selbstkontrollheft und Diabetikerbuch, sind immer vorzulegen. Bei kleineren ambulanten Maßnahmen, die ein Verschieben der Mahlzeiten erfordern, sollte das Verhalten mit dem Arzt vorher in Ruhe besprochen werden. Am besten ist es immer, derartige Eingriffe am frühen Morgen durchzuführen, damit man möglichst schnell wieder in den gewohnten Tagesablauf übergehen kann. *Diabetiker mit intensivierter Insulintherapie sind im Vorteil. Sie können einfach die Basaldosis weitergeben und erst nach der Maßnahme wieder essen.*

Verhalten bei Maßnahmen, die das Nüchternbleiben erfordern

- 9.00 Uhr *Magenspiegelung*, am Abend vorher flüssige Kost mit Reduktion der Insulindosen um 2 bis 4 E. Morgens vor dem Eingriff zur üblichen Zeit Selbstkontrolle und 2 (bis 6) E Normalinsulin vorspritzen. In etwa zweistündigen Abständen Selbstkontrolle und notfalls (bei Blutzucker über 9 mmol/l bzw. 160 mg/100 ml) nochmals 2 bis 4 E zwischenspritzen. Das gilt ebenso nach Beendigung des Röntgens. Zur regulären Injektionszeit kann dann wieder zum normalen Tagesablauf übergegangen werden. Selbstkontrollen häufiger vornehmen.

• 9.00 Uhr *Ultraschalluntersuchung des Bauchraums.* Verhalten wie oben. Bei manchen Untersuchungen ist die Aufnahme von Tee mit Zucker gestattet.

Termin und Maßnahmen vorher absprechen

• 8.00 Uhr *Zahnarztbehandlung* (Zahn ziehen oder Wurzelbehandlung). Am Vortag und am Morgen normal essen und Insulin spritzen. Mit der Sprechstundenhilfe wäre abzusprechen, daß der *Termin des Eingriffs kurz nach dem Spritzen und Essen* erfolgen sollte. Nach 2 Stunden kann dann die fällige Mahlzeit (evtl. in breiiger Form) gegessen werden. Nötigenfalls muß die nächste Mahlzeit nach dem Eingriff in flüssiger Form vorbereitet werden.

Der behandelnde Arzt sollte vorher mit dem Arzt im Krankenhaus beraten

Stationäre Behandlung in Einrichtungen, die weniger mit dem Diabetes vertraut sind (z.B. Chirurgie, HNO-Klinik). Wenn es möglich ist, sollte sich der Hausarzt bzw. der den Diabetiker betreuende Arzt vorher mit den Ärzten im Krankenhaus über die bevorstehende Behandlung abstimmen.

Mitzunehmen sind:

- Therapieplan (Kost, Insulin), evtl. mit Empfehlungen für diese spezielle Situation
- Selbstkontrollheft
- Gesundheits-Paß Diabetes
- Insulin, insbesondere auch Normalinsulin
- Spritzen, Kanülen bzw. Pen oder Pumpe
- Blutzuckerteststreifen (Harnzuckerteststreifen, Acetonteststreifen), evtl. Meßgerät
- Schockzucker, Hypogluc und Reservekohlenhydrate (Zwieback u.ä.)
- (evtl. Glucagon, wenn es zur Ausrüstung dieses Patienten gehört)
- Überweisungsschein
- Chipkarte.

Der Stationsarzt und die Stationsschwester sind über den Diabetes und über das Behandlungsregime (insbesondere über die Essenszeiten) zu informieren. Der Diabetiker sollte, wenn er dazu von der Erkrankung her in der Lage ist, auch unter stationären Bedingungen für die Führung seines Diabetes verantwortlich sein. Etwaige Probleme sind bei den Visiten bzw. in Direktgesprächen unbedingt zu erörtern. Auch über den bevorstehenden Tagesablauf sollte der Patient informiert sein. Das ist besonders wichtig, wenn diagnostische oder therapeutische Maßnahmen eine Änderung der Nahrungsaufnahme erforderlich machen. Ein insulinspritzender Diabetiker muß unbedingt am Abend vorher informiert werden, wenn er morgens nüchtern bleiben soll (z.B. wegen Magenspiegelung). Auf diese Weise sind komplizierte Situationen am besten zu steuern. Sollten sich größere Probleme bei der Stoffwechselführung ergeben, muß der Diabetiker auf der Hinzuziehung eines mit dem Diabetes erfahrenen Arztes bestehen.

Selbstkontrolle auch im Krankenhaus

Hinzuziehen eines mit dem Diabetes vertrauten Arztes

Übertragung von Krankheiten

- Durch winzige **Blut**mengen können ansteckende Gelbsucht (Hepatitis B, D und C) und Aids übertragen werden. Deshalb ist auch bei Selbstkontrolle peinliche Sauberkeit notwendig. Unter keinen Umständen dürfen Spritzen, Kanülen, Lanzetten und Schnäpper (automatische Stichgeräte für die Blutglucoseselbstkontrolle) gemeinsam mit anderen Patienten benutzt werden.
- Diabetiker sind gegenüber Infektionen besonders gefährdet, weil sie weniger Abwehrkräfte haben. Außerdem ist zu bedenken, daß sich besonders in **Krankenhäusern** Krankheitserreger befinden können, die eine gewisse Gefährdung darstellen.

Die chronischen Komplikationen des Diabetes

Gefäß- und Nervenschäden entscheiden über das Leben

Im Verlauf des Diabetes kann es zu Schäden an den kleinen Blutgefäßen (Mikroangiopathie, angio = Gefäß, pathie = Erkrankung), an den großen Blutgefäßen (Makroangiopathie) und im Nervensystem (Neuropathie) kommen. Bei ständig erhöhten Blutzuckerwerten besteht die Neigung zu chronischen Entzündungen und Infekten.

- Bei Typ II-Diabetikern sind oft bereits bei der Feststellung des Diabetes ausgeprägte Gefäßveränderungen, vorwiegend an den großen Gefäßen, festzustellen. Diabetes und Fettstoffwechselstörungen bestanden bei ihnen unerkannt oft schon längere Zeit.
- Bei Typ I-Diabetikern sind die o.a. Veränderungen meist Folgekrankheiten des Diabetes. Die ersten Hinweise für den Beginn einer Mikroangiopathie findet ein *erfahrener* Augenarzt im Durchschnitt nach etwa 15jähriger Krankheitsdauer. Bei dem einen Patienten kann das schon wesentlich früher sein, bei anderen erst nach Jahrzehnten. Selbst nach über 45jähriger Diabetesdauer gibt es einzelne Diabetiker, bei denen keine Folgeschäden zu erkennen sind.

Je besser die Stoffwechselführung, um so weniger Schäden an Gefäßen und Nerven

Trotz der unterschiedlichen Neigungen zu Spätkomplikationen ist ihre Entwicklung durch die Güte der Stoffwechselführung entscheidend beeinflußbar. Mit zunehmend besserer Blutzuckerlage erhöht sich die Chance, ein Lebensalter wie ein Nichtdiabetiker – ohne wesentliche Komplikationen – zu erreichen. Dagegen hinterläßt jede Erhöhung des Blutzuckers im Organismus ihre Spuren. Unter anderem lagert sich Zucker an Eiweiße an, deren normale Eigenschaften damit verändert werden. Vom ersten Tag der Erkrankung an ist also eine sehr gute Stoffwechselführung anzustreben. Auch ein erhöhter

Blutdruck, Übergewicht, erhöhte Fettwerte im Blut und das Rauchen begünstigen die Entwicklung der Spätschäden. Augen, Nieren, Harnwege und Nerven sind am häufigsten betroffen.

Augen

- **Diabetische Retinopathie**

An der Netzhaut (Retina) des Augenhintergrundes verändert sich die Wand der kleinsten Gefäße. Es kann zu winzigen Ausbuchtungen (Aneurysmen) oder zum Austritt von Blutbestandteilen (Exsudate) bzw. zu punktförmigen oder größeren Blutungen (Hämorrhagien) kommen. Das Sehvermögen ist in diesem Stadium nicht beeinträchtigt. Dieser Zustand kann über Jahre unverändert bleiben, es können sogar spontan bzw. durch sehr gute Stoffwechselführung oder durch Behandlung (s.u.) Rückbildungen vorkommen. Leider gefährden jedoch in einigen Fällen zunehmende Blutungen, Wucherungen von Gefäßen und von Narbengewebe die Sehkraft. Es kann auch zu einer Ablösung der Netzhaut vom Augenhintergrund kommen.

Kontrolle durch einen erfahrenen Augenarzt

Vorbeugung: Eine gute Stoffwechselführung ist der entscheidende Faktor, der sowohl das Entstehen einer Retinopathie als auch die Weiterentwicklung bereits bestehender Augenhintergrundsveränderungen verzögern kann. Es ist deshalb in jedem Stadium des Diabetes lohnenswert, sich für eine intensivierte Insulintherapie zu entscheiden. Dabei wäre immer eine langsame Senkung des Blutzuckerniveaus anzustreben, um Unterzuckerungen zu vermeiden. Außerdem ist es wichtig, den Blutdruck gleichmäßig und normal zu halten, denn ein hoher oder schwankender Blutdruck belastet die Gefäßwand und kann außerdem zu akuten Blutungen aus den geschädigten Gefäßen führen. Auch ein Blutdruckanstieg durch das Gegenregulationshormon Adrenalin – nach einer

Schlechte Diabetesführung gefährdet die Augen

Unterzuckerung – kann Blutungen auslösen. Auch ruckartige Kraftanstrengungen (z.B. Kraftsport, schweres Heben) sind bei bereits bestehenden Augenhintergrundsveränderungen zu meiden.

Selbst bei fortgeschrittenen Augenveränderungen lohnt es sich, mit einer intensivierten Insulintherapie zu beginnen

Behandlung: Mit einer Laserbehandlung (Schweißen durch gebündeltes Licht) kann in sehr vielen Fällen das Fortschreiten einer Retinopathie gestoppt oder die Netzhaut vor der Ablösung bewahrt werden. Regelmäßige Kontrollen, mindestens einmal im Jahr, durch einen *erfahrenen Augenarzt*, sind notwendig. Bei einigen fortgeschrittenen Augenveränderungen können operative Eingriffe mit feinsten Instrumenten zu einer Besserung führen. Medikamente mit gefäßabdichtender Wirkung haben selten, und dann nur in bestimmten Phasen der diabetischen Retinopathie, einen positiven Effekt.

- **Grauer Star** infolge Diabetes (Cataracta diabetica)

Langzeitig schlechte Blutzuckerwerte führen zur Ablagerung von Stoffwechselprodukten in den Augenlinsen und zu deren Trübung. Bei starker Sehbehinderung können die getrübten Linsen operativ entfernt und ihre Funktion durch eine Brille oder eine künstliche Linse ersetzt werden.

- **Grüner Star** (Glaukom)

Er kommt auch bei Nichtdiabetikern vor. Man versteht darunter eine Erhöhung des Augendrucks. Er entsteht durch eine Verlegung des Abflusses des Augenwassers bei fortgeschrittenen diabetischen Augenveränderungen. Starke Schmerzen im Auge können darauf hinweisen. Ein grüner Star kann das Auge schädigen, so daß regelmäßige Kontrollen des Augendrucks notwendig sind.

Nieren und Harnwege

- **Diabetische Nephropathie** (nephros = Niere)

Im eigentlichen Sinne verstehen wir darunter Veränderungen der feinsten Nierengefäße. Oft liegt eine zusätzliche Schädigung durch einen chronischen Harnwegsinfekt (Pyelonephritis = Nierenbeckenentzündung) vor. Die Aufgabe der Niere, die Ausscheidung giftiger Substanzen, kann dann zunehmend gestört werden. Die ersten Anzeichen einer Nierenschädigung sind Eiweißausscheidungen im Urin und erhöhter Blutdruck.

Hoher Blutdruck und Harnwegsinfekte schaden den Nieren

Vorbeugung: Gute Stoffwechselführung, normaler Blutdruck und konsequente Bekämpfung aller Harnwegsinfekte (s.u.) und Nichtrauchen beugen einer diabetischen Nephropathie vor. Regelmäßige Urinkontrollen, z.B. Sediment, AER (Albuminexkretionsrate), Eiweißausscheidung, sind notwendig.

Guter Stoffwechsel ein Leben lang

Behandlung: Ist die Nierenleistung bereits beeinträchtigt, sind eine Betreuung durch erfahrene Spezialisten, regelmäßige Kontrollen bestimmter Laborwerte (u.a. Eiweißausscheidung, Kreatinin und andere Stoffe im Blut) und eine nierenentlastende Diät erforderlich. Bei stark eingeschränkter Nierenfunktion müssen die giftigen Substanzen durch Dialyse (Abtrennung der gelösten Gifte) aus dem Organismus entfernt werden. Das geschieht entweder über eine Bauchhöhlenspülung (Peritonealdialyse) oder über eine Blutwäsche (Hämodialyse = künstliche Niere). Eine Transplantation von gesunden Nieren hat darüber hinaus schon vielen nierenkranken Diabetikern das Leben gerettet. Dazu müssen bestimmte angeborene Gewebseigenschaften von Nierenspendern und Empfängern übereinstimmen. Eine Nierentransplantation bedarf immer einer außerordentlich gründlichen und umfassenden Vorabklärung durch Spezialuntersuchungen. In seltenen Fällen kann gleichzeitig ein Stück einer gesunden Bauchspeicheldrüse transplantiert werden.

Zuviel Nahrungseiweiß belastet die Nieren

• Harnwegsinfekte

Entzündungen der Harnröhre, der Blase, der Harnleiter und der Nierenbecken kommen infolge der verminderten Infektabwehr bei Diabetikern, besonders bei Diabetikerinnen, relativ häufig vor. Chronische Harnwegsentzündungen schädigen die Nieren. Je früher sie erkannt und behandelt werden, um so größer ist die Aussicht auf ihre vollständige Beseitigung. Brennen beim Wasserlassen, trüber und blutiger Urin, Schmerzen in den Nierenlagern, Nierenkoliken können Zeichen eines Harnwegsinfektes sein. Aber auch ohne Beschwerden kann ein Harnwegsinfekt vorliegen. Deshalb sind regelmäßige Urinuntersuchungen notwendig.

Urinuntersuchung auf Bakterien oder Entzündungszeichen sind insbesondere bei Frauen notwendig

Vorbeugung und Behandlung: Die gute Stoffwechselführung ist die beste Vorbeugung, sowohl gegen die Schädigung der Nieren als auch gegen eine Infektion. Ein erhöhter Blutdruck ist unbedingt zu behandeln. Bei den geringsten Zeichen eine Harnwegsinfektes ist reichlich Blasen- und Nierentee zu trinken (Vorsicht mit der Flüssigkeitsmenge bei Leistungseinschränkung der Nieren und des Herzens) und ein Arzt aufzusuchen. Unterkühlungen müssen vermieden werden. Gegen Harnwegsinfekte gibt es eine Reihe sehr wirksamer Medikamente. Jedoch nur ihr gezielter Einsatz ist sinnvoll! Es besteht sonst die Gefahr, daß die Bakterien sich an dieses Medikament gewöhnen (resistent werden) oder daß andere krankmachende Keime (z.B. Pilze) überwuchern. Deshalb müssen in einer speziellen Untersuchung (Urinkultur) die Keime und ihre Empfindlichkeit genau festgestellt werden.

Albuminausscheidung, Urinsediment – mindestens zweimal im Jahr kontrollieren

• Infekte an den Geschlechtsorganen

Balanitis (Entzündung an der Eichel oder Vorhaut des männlichen Gliedes) kann als Folge einer chronisch schlechten Stoffwechselführung oder einer Infektion mit besonderen Erregern vorkommen. Sie muß dem Arzt vorgestellt werden. In einigen Fällen bilden sich Verklebungen, Narben und eine Verengung der Vorhaut (Phimose). Gute Stoffwechselführung und normale Intimhygiene (tägliches Waschen mit zurückgestreifter Vorhaut) beugen einer derartigen Entzündung vor.

Entzündungen an den Geschlechtsorganen müssen behandelt werden

Zuckerkranke Frauen leiden nicht selten unter quälendem Juckreiz an den äußeren Geschlechtsorganen und der Scheide.

Meist liegt eine Infektion mit besonderen Erregern (z.B. Pilze, Trichomonaden) vor. Gute Stoffwechselführung und Medikamente (Cremes, Zäpfchen, Tabletten) helfen meist schnell. Im akuten Zustand lindern Waschungen, vorsichtiges und sorgfältiges Trockentupfen (nicht mit Watte) und das Tragen von Baumwollwäsche die Beschwerden.

Der Partner muß bei derartigen Infekten immer gleichzeitig behandelt werden.

Nerven

• **Diabetische Neuropathie** (Nervenschädigung infolge Diabetes)

Eine sogenannte funktionelle Nervenschädigung kann als Folge einer nicht ausreichend guten Stoffwechselführung jederzeit im Verlauf des Diabetes auftreten. Sie ist meist durch eine sehr gute Stoffwechselführung vollständig zu beseitigen. Langzeitschäden mit Zerstörung der Nervenfasern sind dagegen nur schwer zu beeinflussen.

Auch chronischer Alkoholgenuß schädigt die Nerven

Das Nervensystem, bestehend aus Gehirn, Rückenmark und Nervenbahnen, wird in zwei Systeme getrennt. Beide können von einer diabetischen Neuropathie betroffen sein.

• **Periphere symmetrische Neuropathie** (symmetrisch = gleichseitig)

Sie beginnt in der Regel in beiden Füßen, meist von einzelnen Zehen ausgehend. Seltener sind die Hände betroffen. Dabei können folgende Beschwerden auftreten: Ruheschmerzen, Kribbeln (Ameisenlaufen), Brennen, Taubheitsgefühl (»Pelzigkeit«, »wie auf Watte laufen«) und eine gefährliche Gefühllosigkeit gegenüber Verletzungen, Verbrennungen und Erfrierungen. Die normale Muskelfunktion wird geschwächt. An den Füßen kann das zu einer Verformung des Fußgewölbes führen und eine Fehlbelastung verursachen.

Gefahr von unbemerkten Verletzungen

Druckstellen mit Haut- und auch Knochenzerstörungen können die Folge sein.

• **Autonome diabetische Neuropathie** (autonom = selbständig = unwillkürlich)

Gegen Neuropathie gibt es wirkungsvolle Medikamente

Hier ist das Nervensystem betroffen, welches die inneren Organe, z.B. Herz, Magen, Gallenblase, Urinblase usw., vom Willen unabhängig steuert. Es können einzelne oder mehrere Organe erkrankt sein. Verzögerung der Magenentleerung (demzufolge Verzögerung der Nahrungsresorption), Völlegefühl, Neigung zu Verstopfung und Blähung, andererseits aber auch heftiger nächtlicher Durchfall sind einige Erscheinungen von seiten des Verdauungssystems. Eine ungenügende Anpassungsfähigkeit des Herz-Kreislauf-Systems an Belastungen kann zum morgendlichen Blutdruckabfall mit Schwindelerscheinungen führen. Bei Störungen der Blasenentleerung besteht die Gefahr, daß der Resturin zur idealen Brutstätte für Bakterien wird und eine Blasenentzündung entsteht. Männer mit autonomer Neuropathie leiden sehr häufig unter einer erektilen Impotenz (mangelnde Steife des männlichen Gliedes), weil sich die Schwellkörper nicht ausreichend mit Blut füllen.

Alle Faktoren, die die Nerven zusätzlich schädigen, müssen ausgeschaltet werden

Vorbeugung und Behandlung: Die stets gute Stoffwechselführung ist die wichtigste Maßnahme, um einer Neuropathie vorzubeugen oder sie zu behandeln. Die Nerven brauchen für ihren Stoffwechsel lückenlos Insulin rund um die Uhr. Das geschieht am besten durch eine intensivierte konventionelle Insulintherapie mit häufigen Injektionen oder durch Infusion von Normalinsulin mittels Pumpen. Weitere nervenschädigende Faktoren, wie chronischer Alkoholgenuß, Rauchen u.a., sind unbedingt auszuschalten. Physikalische Therapie (Vierzellenbäder, Strombehandlungen u.a.) und Medikamente können eine Linderung und Funktionsverbesserung bewirken. Bei Blasenentleerungsstörungen muß nach Plan (3stündlich) Urin gelassen und der Rest in der Blase per Handdruck auf den

Unterbauch ausgedrückt werden. Bei jedem Verdacht auf eine diabetische Neuropathie muß die Diagnose durch erfahrene Ärzte abgegrenzt werden, da auch andere Erkrankungen ähnliche Beschwerden hervorrufen können. Alles unkritisch auf den Diabetes zu schieben, kann eine richtige Behandlung verzögern oder gar verhindern. Das gilt auch für die Impotenz des Mannes.

Sexuelles Unvermögen – erektile Impotenz

Die Fähigkeit, den Geschlechtsverkehr auszuüben, läßt u.a. infolge mangelhafter Gliedsteife (erektile Impotenz) beim Mann mit zunehmendem Alter nach. Vorzeitig eingetretene Impotenz kann mannigfaltige Ursachen haben. Neben seelischen Problemen, Störungen der Partnerbeziehung, Überlastung im Alltag, Krankheit, Rauchen, Alkohol u.a. können auch eine **schlechte Diabetesführung** (orientieren muß man sich am normalen HbA_{1c}!) und die Folgen des Diabetes, **Nervenschädigung, Durchblutungsstörungen,** sowie die Einnahme bestimmter **Medikamente** zur erektilen Impotenz führen.

Was kann getan werden?

Beste Vorbeugung gegen Impotenz

- Der vorzeitigen Impotenz beugt der Diabetiker am besten durch eine ständig sehr gute Stoffwechselführung, durch Nichtrauchen und Vermeiden übermäßigen Alkoholgenusses vor.
- Die Ursachen der Impotenz wären in einer Sexualberatung und durch eine Untersuchung der Nerven und der Blutgefäße (Urologe) zu klären.
- Medikamente (z.B. einige der Blutdruck- und der Beruhigungsmittel) können Impotenz fördern. Mit dem Arzt wäre ein Wechsel zu beraten.

– Medikamente (Tabletten) gegen die Impotenz haben oft nicht den gewünschten Effekt.
– Anwendung eines Vakuumextraktors vor dem Geschlechtsverkehr. (Die Krankenkassen tragen in bestimmten Fällen bei ärztlicher Verordnung die Kosten).
– Selbstinjektion von gefäßerweiternden Medikamenten vor dem Geschlechtsverkehr in die Peniswurzel (Penis = männliches Glied).
– Operatives Einpflanzen einer Penisprothese.
– Erweiterung von verengten Gefäßen.

Einige dieser Prozeduren sind nicht ohne Risiko von Nebenwirkungen und machen die Partnerin oft nicht glücklicher.

Makroangiopathie – Arteriosklerose der großen Blutgefäße

Bei Erkennung eines Typ II-Diabetes sind oft schon die großen Blutgefäße verändert

Die großen Arterien führen vom Herzen in den ganzen Körper. Im höheren Lebensalter wird ihre Wand verdickt und starr, an der Gefäßinnenwand kann es zur Ablagerung von Blutzellen, Fett und Kalk (Arteriosklerose) kommen. Es besteht die Gefahr von Durchblutungsstörungen am Herzen, im Gehirn oder in den Beinen. Bei Diabetes, bei erhöhten Fettwerten im Blut, bei Übergewicht, bei hohem Blutdruck und bei Rauchern (nicht umsonst spricht man vom »Raucherbein«) setzen diese Veränderungen früher ein.

- **Verengung der Herzkranzgefäße**

Wenn die verengten Kranzgefäße das Herz nicht mehr ausreichend mit Sauerstoff versorgen, kommt es zu Schmerzen hinter dem Brustbein, in der Herzgegend mit Ausstrahlung in andere Körperregionen (Angina pectoris = Brustenge), zur Schädigung des Herzmuskels und Minderung der Herzleistung. Ein vollständiger Gefäßverschluß – z.B. durch ein Blutgerinnsel (Thrombus) – führt zum Gewebsuntergang

(Herzinfarkt). Der Herzinfarkt ist in Industrieländern eine der Haupttodesursachen. Diabetiker sind jedoch mehr gefährdet als die Durchschnittsbevölkerung. Bei Diabetikern mit autonomer Neuropathie fehlen häufig die warnenden Herzschmerzen, trotz schwerer Sauerstoffnot (stummer Infarkt).

- **Verengung der Kopf- und Halsgefäße**

Bei mangelhafter Durchblutung des Gehirns infolge Verengung der Gefäße oder infolge Blutungen aus den geschädigten Gefäßen kann es zur Schädigung von Gehirngewebe (Schlaganfall) mit nachfolgendem Ausfall wichtiger Funktionen kommen. Erste Anzeichen, wie Schwindelanfälle, Doppelbilder, halbseitiges Taubheitsgefühl u.a., bedürfen einer sofortigen ärztlichen Klärung und Behandlung.

Genaue Untersuchung durch den Arzt ist bei jedem Verdacht auf Durchblutungsstörung notwendig

- **Durchblutungsstörungen der Beingefäße**

Sie äußern sich in Kältegefühl und Schmerzen in einer oder mehreren Zehen, im Fuß, in der Wade oder auch im ganzen Bein. Bei Belastung nehmen die Schmerzen zu. Sie zwingen nach schnellem Gehen zum Stehenbleiben und verschwinden nach kurzer Erholungspause. Man spricht von *Schaufensterkrankheit*, weil der Betroffene oft stehenbleibt, die Gegend bzw. die Auslagen betrachtet. Mit zunehmenden Durchblutungsstörungen werden die Gehstrecken immer kürzer. Schließlich kommt es zum Ruheschmerz und in einigen Fällen sogar zum Gewebsuntergang (Gangrän = »Brand«, siehe »Diabetischer Fuß«).

Vorbeugung: Um der Entwicklung einer Arteriosklerose entgegenzuwirken, ist mit einer gesunden Lebensweise möglichst frühzeitig zu beginnen. Der Schwerpunkt besteht in der Vermeidung einer Hyperlipoproteinämie (siehe dort), im Nichtrauchen, in einem regelmäßigen Muskeltraining, in normnahen Blutdruckwerten und in einer sehr guten Diabetesführung.

Das Rauchen ist abzustellen, der Diabetes leider nicht

Behandlung: Unter Fortführung der o. a. Maßnahmen können Medikamente eingesetzt werden, mit denen eine bessere Durchblutung erzielt werden soll oder die die Bildung eines Blutgerinnsels verhindern sollen. In Sonderfällen können Spezialoperationen helfen: So können umschriebene Herde aus Kalk, Fett und Blutgerinnsel in einigen Fällen mit Erfolg von der Gefäßwand abgetragen werden. Auch Versuche, die verschlossenen Gefäße durch Anlegen eines Ersatzgefäßes (Bypass) zu umgehen, können gelingen.

Muskeltätigkeit trainiert die Umgehungsgefäße

Plötzlich auftretende heftige Schmerzen, ob am Herzen oder in den Beinen, bedürfen einer sofortigen ärztlichen Behandlung. Es kann sich um einen akuten Gefäßverschluß durch ein Blutgerinnsel handeln, dessen sofortige Auflösung lebensrettend sein kann.

Die besondere Gefährdung der Füße beim Diabetiker

Viele der Amputationen bei Diabetikern könnten vermieden werden (*Oppenheimer Erklärung* 1993).

Die Füße eines Diabetikers, der unter Spätkomplikationen leidet, sind außerordentlich gefährdet. Banale Verletzungen können zu Eintrittspforten von Infektionen werden und eine Gangrän (Brand) im Gewebe und im Knochen auslösen. In einigen Fällen kann sogar eine Amputation (Abnahme eines Beines, einer Zehe, eines Fußes) notwendig werden. Die **Ursachen für die häufigen Amputationen bei Diabetikern** sind:

- Periphere diabetische Neuropathie und/oder
- Durchblutungsstörungen und/oder
- schlechte Wundheilung und mangelhafte Infektabwehr bei höheren Blutzuckerwerten.

Die diabetische Neuropathie macht die Füße unempfindlich. Weder Druckstellen noch Verletzungen noch Entzündungen verursachen Schmerzen, so daß die Füße trotz der gefährlichen Schäden weiter belastet und nicht behandelt werden. Schrunden, Risse und kleine Druckgeschwüre werden unterschätzt, und Bakterien können eindringen. Scharfrandige Druckgeschwüre entstehen an den belasteten Hautbezirken (Abb. 23, Tabelle S. 140). Die Füße sind meist warm und gut durchblutet.

Unempfindlichkeit bedeutet große Gefahr, da Verletzungen oder Entzündungen unbemerkt bleiben

Wenn dagegen Durchblutungsstörungen im Vordergrund stehen, sind die Füße kalt, die mangelhafte Versorgung mit Sauerstoff und Nährstoffen macht sich meist zuerst in den Zehen bemerkbar, dort kann es zum Absterben von Gewebe kommen (Abb. 23). Gehen und Belastung bereitet meist Schmerzen.

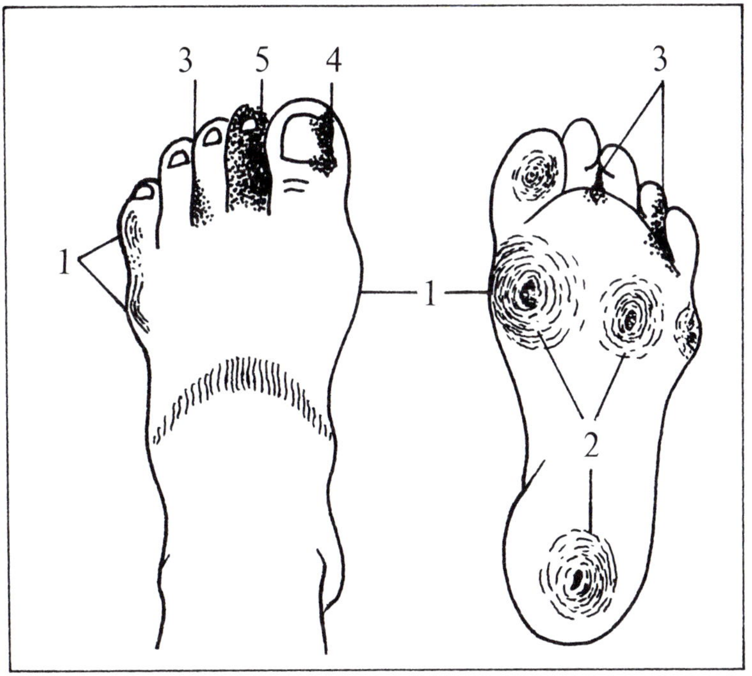

Abb. 23: Typische Gefahren für den Fuß eines Diabetikers

	Ursachen	Folgen	Vorbeugung
1	Druckstellen durch enge Schuhe	Blasen, Gewebsuntergang, **Geschwüre**[1]	Sehr bequemes Schuhwerk, häufiges Wechseln der Schuhe
2	Druckstellen durch einseitige Belastung der Fußsohle	Hornhautwucherung, Risse, Hühneraugen, **Geschwüre**[1]	Tägliches Massieren mit neutraler Fettcreme, kein Hühneraugenpflaster
3	Fußpilz und andere Infektionen	Hautablösung, **Risse**[1]	Füße trocken halten Täglich: kurz waschen, gründlich abtrocknen, frische Socken (Baumwolle), keine Gummistiefel, Hautarzt aufsuchen
4	Verletzungen beim Kürzen der Nägel mit Schere, durch Fremdkörper beim Barfußlaufen, durch Verbrennung, Erfrierung infolge Gefühllosigkeit	schlecht heilende Wunden	Pflege nur mit Feile, nicht mit Schere, Rasierklinge oder Hobel, immer unter guter Sicht. Nie barfuß laufen, keine künstlichen Wärmequellen benutzen (Heizofen, Heizkissen, Ofen), bei kalten Füßen (auch im Bett) warme Socken anziehen
5	Schwere Durchblutungsstörungen	Trockene Gangrän (Brand)	Guter Stoffwechsel, tägliche Fußgymnastik, nicht rauchen, Fette im Blut normal halten

[1] Kleinste Wunden können Eintrittspforten für Bakterien sein. Es kann sich daraus immer ein feuchter Brand entwickeln.

Bei Sehstörungen müssen die Angehörigen die Füße regelmäßig kontrollieren

Durch gründliche ärztliche Untersuchung (z.B. Prüfung der Empfindlichkeit der Fußreflexe sowie Tasten oder Messen der Fußpulse bzw. des Blutflusses) lassen sich Nervenschädigungen oder Durchblutungsstörungen feststellen. Gefährdet sind vor allem Diabetiker mit Spätkomplikationen, d.h. Langzeit-Typ I-Diabetiker und alle insulinbehandelten Typ II-Diabetiker. Ihre Füße sollten zweimal im Jahr vom Arzt untersucht werden.

Vorbeugung gegen Durchblutungsstörungen, Neuropathie und Wundinfektionen an den Füßen des Diabetikers

- Sehr guter Stoffwechsel mit normnahen Blutzucker- und normnahen Fettwerten im Blut
- Nichtrauchen
- Normalgewicht, normaler Blutdruck
- Vermeiden von Verletzungen und Wundlaufen
- Vermeiden von Hitze- und Kälteschäden
- Konsequente Behandlung von Hauterkrankungen (insbesondere von Hautpilzen)
- Tägliche Fußpflege und gründliche Fußbetrachtung
- Tägliches Gefäßtraining
- Gutes Schuhwerk

Achtung! Bei jeder kleinsten Verletzung zum Arzt

Fußpflege mit Sorgfalt und Sachkenntnis vornehmen

Im Detail sei noch einmal angeführt, was die Gefährdeten im täglichen Leben beachten müssen, um ihre Füße und Beine zu erhalten: *Immer wieder ist vor der Gefühllosigkeit zu warnen,* die zur Fehleinschätzung von Gefahren führt. Bei kalten Füßen dürfen keine zu heißen Wärmflaschen oder elektrische Heizkissen benutzt werden. Die Temperatur in Fußbädern ist mit einem Thermometer zu prüfen. Es kann sonst sehr schnell zu Verbrennungen kommen. Im Winter drohen unbemerkte Erfrierungen. Baumwoll- und Wollsocken tragen! Kunstfasern fördern das Wundscheuern. Die Schuhe sollten außerordentlich bequem sein. Selbst zu besonderen Anlässen sollten keine engen Schuhe getragen werden. Schuhe mit hohem Absatz sind ungünstig, bei ihnen verlagert sich die Last auf den Vorderfuß. Dort entwickeln sich dann schnell Druckstellen. Niemals barfuß laufen! Denn selbst kleinste Verletzungen können schwerwiegende Folgen haben.

Der Fußpflege und der Pflege der Fußnägel ist besondere Aufmerksamkeit zu widmen. Spitze Scheren und Rasierklingen dürfen nicht benutzt werden: Die Nägel müssen gerade und grob mit einer Zange abgekniffen werden. Der Rest ist glatt zu feilen. Das Nagelhäutchen darf nicht geschnitten werden, denn kleinste Verletzungen können auch hier zu Gangrän führen. Hornhauthobel sind für Diabetiker gefährlich, ebenso wie Hühneraugenpflaster. Einem Fußpfleger muß mitgeteilt werden, daß ein Diabetes vorliegt. Die Füße sollen täglich kurz (!) mit lauwarmem Wasser gereinigt und danach gründlich – auch zwischen den Zehen – abgetrocknet werden, danach mit Fettcreme massieren. Hautpilzerkrankungen bedürfen einer fachärztlichen Behandlung. Durch tägliche Fußgymnastik (Fußkreisen, Streckübungen) im Liegen oder Sitzen kann die Durchblutung angeregt werden. Die Füße müssen täglich, evtl. mit Spiegel, angesehen werden. Falls die eigene Sehkraft nachgelassen hat, sollten Angehörige diese Kontrolle übernehmen. Kleinste – scheinbar harmlose – Druckstellen und Verletzungen muß unbedingt ein Arzt sehen.

Kleinste Druckstellen und Risse können gefährlich werden

Fußgeschwüre infolge Neuropathie – die Füße unbedingt ruhigstellen

Die Behandlung von Wunden, Geschwüren oder abgestorbenem Gewebe (Brand) an den Füßen von Diabetikern gehört in die Hand eines oder mehrerer speziell erfahrener Ärzte.

- Bei einem Geschwür steht meist die *Neuropathie* im Vordergrund. Dann sind konsequente Ruhigstellung, d.h. Liegen, Gehen mit Krücken, speziellem Schuhwerk, bis zur Ausheilung notwendig. Das trifft oft beim Patienten, der keine Schmerzen empfindet, auf Unverständnis. Die Wunde muß täglich behandelt werden.

Leichte Durchblutungsstörungen – Muskeltraining

- Bei *Durchblutungsstörungen* leichteren Grades ist dagegen das Gefäßtraining ein Schwerpunkt der Maßnahmen. Gymnastische Beinübungen, Fahrradfahren und Spazierengehen, auch durchblutungsfördernde Medikamente und physiotherapeutische Maßnahmen können helfen. Sind Durchblutungsstörungen jedoch weit fortgeschritten, dann wird man nach genauer Untersuchung der Gefäße weitere Eingriffe in Erwägung ziehen (Beseitigung der Einengung, Anlegen von Ersatzgefäßen usw.). Leider ist nicht in jedem Fall eine Amputation zu vermeiden.

Schuhe und Einlagen
Nichtpassendes Schuhwerk ist die häufigste Ursache von Verletzungen bei diabetischer Nervenstörung und Durchblutungsstörungen. Besonderes Schuhwerk muß den unterschiedlichen Stadien der Erkrankung gerecht werden: Wenn noch keine Verletzungen oder Verformungen des Fußes, aber bereits Empfindungsstörungen vorliegen, genügen Joggingschuhe oder halborthopädische Schuhe, die industriell gefertigt sind. Bei fortgeschrittenen Stadien sind Sonderanfertigungen notwendig.

Fußambulanz
Die traurige Bilanz häufiger und z.T. vermeidbarer Fußamputationen führte zu der Forderung, die Fußambulanzen flächendeckend einzurichten (Oppenheimer Erklärung, 1993). Erfahrene Spezialisten von mehreren Fachrichtungen (z.B. Diabetologe, Chirurg, Orthopäde, Mikrobiologe) wirken hier gemeinsam. Bei Fußproblemen wäre der behandelnde Arzt oder der Deutsche Diabetiker-Bund (S. 190) nach einer Fußambulanz in der Nähe zu fragen.

Zahnbetterkrankungen

Gute Stoffwechselführung und sorgfältiges Zähneputzen erhalten die Zähne

- **Zahnbetterkrankung (Parodontopathie)**

Karies und Zahnbetterkrankungen führen zu frühzeitigem Zahnverlust. Bakterien, die sich in Nahrungsresten vermehren und Säure bilden, sind die Ursache. Diabetiker sind häufiger betroffen. Gute Stoffwechselführung und sorgfältige

Zahnreinigung (2mal täglich je 5 Minuten, insbesondere am Abend) sind die beste Vorbeugung.

Zusammenfassung der wichtigsten Maßnahmen gegen das Entstehen und das Fortschreiten von diabetischen Spätkomplikationen:

- Gute Stoffwechselführung immer und vom ersten Tag an normnahe Werte von Zucker und Fetten und Blut
- Normaler Blutdruck
- Normales Körpergewicht
- Nichtrauchen
- Alkohol selten und in Maßen
- Harnwegsinfekte konsequent behandeln
- Regelmäßige körperliche Aktivität
- Besondere Aufmerksamkeit den Füßen

Beruf

Berufswahl: Eine abgeschlossene Ausbildung in einem interessanten qualifizierten Beruf ist für alle Diabetiker möglich und für das weitere Leben eines Diabetikers außerordentlich wichtig. In den Informationen zur Berufsberatung, die vom Ausschuß Soziales der Deutschen Diabetes Gesellschaft erarbeitet wurden, sind viele Berufe angeführt, die für insulinspritzende Diabetiker geeignet sind. Besonders zu empfehlen sind Tätigkeiten, die mit einer regelmäßigen Bewegung verbunden sind. Ein Diabetiker sollte seine Begabungen und Fähigkeiten wie jeder andere voll ausschöpfen. Bei entsprechenden Voraussetzungen wird ein Fach- und Hochschulstudium empfohlen. Bei der Wahl der Studienrichtung ist immer der spätere Einsatz zu beachten. Die Möglichkeiten für insulinspritzende Diabetiker haben sich durch die besseren Behandlungsprinzipien in den letzten Jahren deutlich erweitert, so daß ausgesprochene Reiseberufe, unregelmäßige Arbeitszeit, Tätigkeiten in der Lebensmittelbranche und andere Berufe dem Diabetiker heute nicht mehr verschlossen sind.

Gute Ausbildung und Qualifizierung = Grundlage für die Zukunft

Nur wenige Tätigkeiten sind nicht erlaubt. Das sind Arbeiten, bei denen infolge Unterzuckerung eine Gefahr für den Diabetiker selbst oder für andere entstehen kann. Dazu gehören zum Beispiel Berufe mit Absturzgefahr, berufliche Personenbeförderung, fliegendes Personal, Lokomotivführer, Hochspannungsarbeiten, Überwachungsfunktionen, beruflicher Waffenträger u.a.

Neigung, Begabung und Fähigkeiten sind entscheidend für die Berufswahl

Berufliche Tätigkeit: Die o.a. Einschränkungen treffen ebenso zu, wenn ein Pilot oder Lokomotivführer an einem insulinpflichtigen Diabetes erkrankt. In diesen außerordentlichen Fällen wird zu einem Berufswechsel bzw. zu einer Um-

Nur wenige Berufe sind ungeeignet für insulinbehandelte Diabetiker

schulung geraten. Meist ist jedoch ein Verbleiben am Arbeitsplatz möglich. Im Einzelfalle liegt die Entscheidung über die Tauglichkeit am konkreten Arbeitsplatz beim Betriebsarzt bzw. beim zuständigen Arbeitsmediziner. Für einen insulinspritzenden Diabetiker ist die enge Verbindung zu ihm von Vorteil. Auch ein evtl. notwendig werdender Tätigkeitswechsel im gleichen Betrieb kann am besten mit ihm beraten werden.

Man ist zwar nicht verpflichtet, die Kollegen im Betrieb über die Erkrankung zu informieren. Aber ein offenes, vernünftiges Gespräch mit dem Vorgesetzten und den nächsten Arbeitskollegen ist sinnvoll, um das Verständnis für Injektions- und Essenszeiten, für Selbstkontrolle und für gelegentliche Arztbesuche zu wecken. Die nächsten Arbeitskollegen müssen unbedingt über die Gefahr der Unterzuckerung Bescheid wissen. Ein Diabetiker, der Leistung bringt und bei Sonderanforderungen im Betrieb genauso mitmacht wie im eigenen Garten, wird auf wenig Probleme beim Verständnis für seine Erkrankung stoßen. Eine 3-Schicht-Arbeit ist für den insulinspritzenden Diabetiker mit komplettem Insulinmangel im allgemeinen und auf Dauer nicht zu empfehlen. Ausnahmen sind nach Beratung mit dem Arzt möglich. Träger von Insulinpumpen können sich durch die ständige Basalinfusion von Insulin einem wechselnden Schlaf-Arbeits-Rhythmus besser anpassen.

Schichtdienst ist für einen Patienten mit komplettem Insulinmangeldiabetes auf Dauer nicht zu empfehlen

Mit Insulinpumpe kann man sich einem wechselnden Tagesablauf besser anpassen

Für eine Beschäftigung im **öffentlichen Dienst** mit Pensionsberechtigung ist eine Erkrankung an Diabetes kein Hinderungsgrund. Voraussetzung ist eine nachweisbar gute Stoffwechselführung, eine regelmäßige gründliche ärztliche Kontrolle und Ausschluß von Tätigkeiten, die Hypoglycämien fördern (s. S. 191). Unter den gleichen Voraussetzungen kann auch die Beschäftigung eines insulinspritzenden Diabetikers im Betriebsdienst der Deutschen Bundesbahn u.U. möglich sein.

Eine verantwortungsbewußte Führung des diabetischen Stoffwechsels ist nicht nur Voraussetzung für Leistungsfähigkeit im Beruf.
Ihr Nachweis – durch **lückenlose Dokumentation der Selbstkontrollen** und regelmäßige ärztliche Kontrollen – kann bei Entscheidungen über Arbeitsplatz, Aufstiegschancen, Arbeitsunfall u.a. von großer Bedeutung sein.

Selbstkontrolle und ihre Dokumentation können auch für Rechtsfragen wichtig sein

Kündigung (s. Schwerbehinderung S. 180ff.)

Gemeinschaftsverpflegung: Es besteht kein Grund, daß sich ein Diabetiker vom Betriebsessen oder der Schulspeisung ausschließt. In größeren Küchen kann er sich aus mehreren Wahlessen eine gesunde Kost zusammenstellen. Auch in kleineren Küchen wird nur an wenigen Tagen eine Kost verabreicht, die für den Diabetiker ungeeignet ist. Man sollte sich vorher über den Speiseplan informieren. Ansonsten wäre es kein Problem, die warme Mahlzeit auf die Abendbrotzeit zu verschieben.

Gesunde Ernährung auch im Betrieb

Führerschein, Autofahren

Diabetiker sind nicht häufiger an Unfällen beteiligt

Führung des Selbstkontrollheftes und des Diabetiker-Passes müssen selbstverständlich sein

Für den **insulinpflichtigen Diabetiker** besteht eine bedingte **Eignung für das Führen von Motorrädern, Mopeds und Kraftwagen bis zu insgesamt 9 Sitzplätzen und bis zu 3500 kg Gesamtmasse (nach 91/439 EWG: Klasse A, A_1, B und B_1)**, falls nicht infolge anderer ärztlicher Gründe weitere Einschränkungen erforderlich sind. Als Voraussetzung gelten für sie eine gute ausgeglichene Stoffwechselführung (HbA_1-Kontrollen), keine Neigung zu Hypoglycämien, regelmäßige Selbstkontrollen und deren Dokumentation (d.h. das Führen eines Selbstkontrollbüchleins) sowie Arztkontakte in 4- bis 6wöchigen Abständen einschließlich jährlicher Augenkontrolle (§ 15 D der StVZO). Dagegen wird keine Fahrerlaubnis erteilt für das Führen von Fahrzeugen mit mehr als insgesamt neun Sitzen (Klasse D) und für bestimmte Lastkraftwagen (Klasse C) sowie ebenfalls nicht für den Transport gefährlicher Güter.

Bei Unfällen kann es für die Versicherung oder auch für andere Rechtsfragen außerordentlich wichtig sein, daß eine verantwortungsbewußte und gute Diabetesführung nachgewiesen werden kann (Selbstkontrollheft, Arztbesuche, Sehkontrollen usw.).

Langjährig diszipliniertes Verhalten insulinspritzender Diabetiker hat sicher dazu geführt, daß sie bisher nicht häufiger an Unfällen als die übrigen Fahrzeugführer beteiligt waren.

Die Fahrtauglichkeit ist in folgenden Situationen gefährdet:

- Die *Hypoglycämie* kann zu einem Zuckermangel im Gehirn und dadurch zu einer Verzögerung des Reaktionsvermögens führen. Deshalb ist der Vermeidung von Hypoglycämien beim Führen eines Fahrzeugs große Aufmerksamkeit zu widmen.

Achtung vor Unterzuckerung

- *Darüber hinaus kann die Fahrtauglichkeit bei Diabetikern durch krankheitsbedingte Erscheinungen* (z.B. labile Blutzuckerlage, akute Sehstörungen bei Senkung des Blutzuckerniveaus, Sehbeeinträchtigung durch Augenhintergrundsveränderung, Blutdruckerhöhung, Durchblutungsstörungen im Gehirn und diabetische Nervenstörung sowie durch Medikamente beeinträchtigt sein, so daß regelmäßige ärztliche Kontrollen, insbesondere bei Langzeitdiabetikern, notwendig sind.

Regelmäßig ärztliche Kontrollen

- Wer neu eingestellt wird, ist vorübergehend zum Führen von Kraftfahrzeugen aller Klassen nicht geeignet (lt. Gutachten, »Krankheit und Kraftverkehr«).

Für den Diabetiker ist eine Reise mit der Bahn bzw. den öffentlichen Verkehrsmitteln in vielen Situationen günstiger als eine streßbeladene Autofahrt (Blutdruckanstieg, unbewegliches Sitzen, Streß u.a.).

Regeln für insulinspritzende motorisierte Diabetiker

Immer auf der sicheren Seite bleiben: Eine vermehrte Aufnahme von Kohlenhydraten bei gutem Blutzucker vor Antritt der Fahrt schafft gute Fahrbedingungen

- Kein Start bei Hypoglycämie, niemals mehr Insulin als sonst spritzen, eher Zulage an KHE, immer essen vor dem Start.
- Vor Antritt und während einer längeren Fahrt Selbstkontrolle durchführen und protokollieren.
- Pünktliche Einhaltung von Spritz- und Essenszeiten auch während einer längeren Fahrt.
- Stets konzentrierte schnell aufschließbare Kohlenhydrate griffbereit haben (Traubenzucker, Hypogluc, Zucker, zuckerhaltige Süßigkeiten und Cola). Beifahrer muß Bescheid wissen.
- Beim geringsten Verdacht auf eine herannahende Hypoglycämie sofort rechts heranfahren und anhalten. Kohlenhydrate dann sofort zu sich nehmen und eine Weile warten, bis der Zustand mit Sicherheit überwunden ist.
- Den Diabetikerausweis mitführen.
- Sehr lange Fahrten, insbesondere ohne ausreichenden Nachtschlaf, sind unbedingt zu unterlassen.
- Bei längeren Fahrten Pause im Abstand von 2 Stunden mit Essen von leicht verdaulichen Kohlenhydraten und mit Bewegungsübungen einlegen.
- Keinerlei Alkohol vor oder während der Fahrt.
- Gegebenenfalls Glucagon mitführen (Beifahrer muß Bescheid wissen).
- Bei beginnenden diabetischen Spätfolgen müssen das Sehvermögen und andere Organfunktionen regelmäßig überprüft werden.

Reisen, Ferien

Die übliche Behandlung des Diabetes sollte im Urlaub und auf Reisen prinzipiell beibehalten werden. Es ist jedoch zu beachten, daß das Gleichgewicht durch die Änderungen des Tagesablaufs, der Ernährung und besonders durch eine unterschiedliche Muskelaktivität gestört sein kann. So ist z.B. der Insulinbedarf eines gestreßten Büroangestellten in einem Urlaub, der mit Wanderungen, Schwimmen und sportlichem Spiel verbracht wird, meist wesentlich geringer als im sonstigen Alltag. Umgekehrt hat ein Schwerarbeiter auf einer Bus- oder Schiffsreise den Ausfall der Muskelaktivität zu beachten (s. S. 101 ff.). Darüber hinaus können Klimawechsel und veränderte Ernährung den Stoffwechsel und das Allgemeinbefinden beeinflussen. In einem Urlaub, der von den üblichen Lebensgewohnheiten abweicht, sind deshalb auch häufiger Selbstkontrollen erforderlich.

Im Urlaub kein Erlebnis auslassen, aber klug anpassen

Häufige Selbstkontrollen im Urlaub

Eine gute Vorbereitung ist für weite und lange Reisen notwendig. Dazu gehören neben einer Beratung mit dem Arzt das Einholen von Informationen über das Reiseland (Ernährung, Hygiene, Infektionskrankheiten u.a.), die Durchführung notwendiger Impfungen, die Nachfrage bei der Krankenkasse betreffs Leistungen im Ausland und der evtl. notwendige Abschluß von Versicherungen für medizinische Betreuung während der Reise. Achtung! Nicht alle Versicherungen bieten Schutz für Diabetes und Folgen. Die Reisebegleiter müssen über den Diabetes Bescheid wissen und zu den wichtigsten Hilfsmaßnahmen in Notsituationen in der Lage sein (s. Sofortmaßnahmen bei Unterzuckerung).

Beim Packen nichts vergessen!

Was muß ein Diabetiker auf Reisen unbedingt mitnehmen?

Kontrollliste vor dem Urlaub abarbeiten!

Bei der Vorbereitung des Urlaubs hat sich eine *Kontrollliste* (Tab. 16, Tab. 17) bewährt.

Insulin, Spritzen, Teststreifen, Traubenzucker immer in der Nähe haben

- Ein Teil des Insulins, der Spritzen, der Blutzuckerteststreifen (Traubenzucker und Reserve-Kohlenhydrate für wenige Tage) sollte immer direkt beim Diabetiker sein (Handgepäck, Rucksack u.a.). Der Vorrat für den ganzen Urlaub wäre auf mehrere Gepäckstücke zu verteilen, um einem Totalverlust vorzubeugen. Bei Flugreisen gehören jedoch Insulin, Teststreifen und das Meßgerät ins Handgepäck. Im Frachtraum kann es zu extrem niedrigen Temperaturen kommen, so daß Insulin, Teststreifen und Meßgerät unbrauchbar werden. Nur bei Reisen in tropische Regionen sind Kühlboxen für Insulin notwendig. Ein kleines Thermosgefäß tut es auch.
- Über landesübliche Ernährung und Früchte sollte man sich vorher informieren. Bei ungewisser bzw. schlechter Versorgungssituation sind luftdicht verpackte Kohlenhydratträger (z.B. Zwieback, Knäcke) und selbstverständlich Traubenzucker bzw. Zucker reichlich mitzunehmen.
- Neben den täglich notwendigen Medikamenten wären auch Medikamente gegen Reisekrankheit und Durchfallerkrankungen nicht zu vergessen.

Persönliche Hygiene beachten

- In Ländern mit heißem Klima, mit niedrigem Hygienestandard oder in Ländern, in denen bestimmte Infektionskrankheiten weit verbreitet sind, muß man sich in erster Linie durch *persönliches Verhalten und persönliche Hygiene gegen eine Infektion schützen.* Lebensmittel sind oft Überträger von Gelbsucht, Magen-Darm-Erkrankungen und Parasiten (Würmer usw.). Wer denkt schon bei den frischen Salaten, Muscheln und den Eiswürfeln (in Getränken) daran, daß hier oft die Gefahr von Durchfall und Gelbsuchtübertragung besteht.

Tabelle 16: **Was ein insulinspritzender Diabetiker auf Reisen mitnehmen muß**

	Hand-gepäck[1]	**Vorräte im Koffer** (Reisegepäck)
Insulin[1] (ausreichend! Bruch, Diebstahl, Verderben einkalkulieren)	+	+ Kühlbox oder Thermoskanne bei Reisen in tropische Länder ohne Kühlkapazität)
Einwegspritzen/ Kanülen/Pen	+	+
Traubenzucker, Hypogluc	+	+
Reserve-KHE	+	+
Glucagon, z. B. Gluka Gen®[2][1]	(+)	(+)
Teststreifen[1] für die Bestimmung von		
• Blutzucker	+	+
• Harnzucker	+	+
• Aceton im Urin	+	+
Mineralienmischung, z. B. Elotrans®	+	+
Medikamente (wie üblich)	+	+
Medikamente gegen Durchfall	(+)	(+)
Medikamente gegen Reisekrankheit	(+)	(+)

1 **Handgepäck mit Insulin, Spritzen und Traubenzucker nicht aus der Hand geben! Spritzen vor Diebstahl sichern (Drogenabhängige)!**
Auch wenn sonst nur Depotinsulin gespritzt wird, sollte Normalinsulin mitgenommen werden. Bei Flugreisen Insulin, Teststreifen und Blutzuckermeßgeräte ins Handgepäck (Achtung, Kälte im Frachtraum).

2 Die Reisebegleitung muß eingearbeitet sein.

Für den Gebrauch eines Nahrungsmittels gilt die alte Tropenregel:

Koch es, schäl es, oder vergiß es!

Achtung vor Salaten, Muscheln, Eis u. a.

Auch eine gezielte Impfung gehört zur Vorbeugung gegen Tropenkrankheiten (wichtig vor allem gegen ansteckende Gelbsucht).

Tabelle 17: **Zusätzliche Checkliste für Reisen in ferne Länder mit besonderen Bedingungen**

Diabetikerausweis
in Englisch und/oder Landessprache

Krankenversicherung
Impfpaß

Wörterbuch
Bezeichnung der Nahrungsmittel in der Landessprache

Kurzer Text in der Landessprache und in englischer Sprache, der über Gesundheitszustand Auskunft gibt

(evtl. Adresse eines Diabetologen oder einer Selbsthilfeorganisation im Reiseland)

Evtl. Einmalgebrauchsmaterial für Notsituationen
(Spritzen 10 ml, Infusionsbesteck, Kanülen)

Reiseapotheke mit dem behandelnden Arzt vorher absprechen.

Ein Durchfall im Ausland kann lebensgefährlich werden für Diabetiker

• *Magen-Darm-Infekte mit Durchfall, Übelkeit und Erbrechen kommen bei Reisen im In- und Ausland nicht so selten vor.* Selbst eine an sich harmlose Reaktion auf verdorbene Lebensmittel kann für den Diabetiker lebensgefährlich werden, denn es kann daraus eine Acetonvergiftung oder ein hochgradiger Wassermangel entstehen. Deshalb sind folgende Maßnahmen durchzuführen.

Bei Durchfall drohen Acetonvergiftung und Austrocknung

– Die *Insulinbehandlung* ist unbedingt weiterzuführen (evtl. als kleine Dosen von Normalinsulin [Abb. 18]: Liegt kein Fieber vor, wäre Insulin um etwa 30 Prozent zu reduzieren. Reichlich (etwa 4 l) magenverträgliche, einwandfreie Flüssigkeit (abgekochtes Wasser, Tee oder Schleim, leicht gesalzen) schluckweise (!) in kurzen Abständen trinken. Zum Ausgleich von Salz- und Flüssigkeitsverlust bei Durchfallerkrankungen kann man sich aus einer Apotheke für die Reise fertige Salz- und Glucosemischungen (z.B. Elotrans®) besorgen. Vor Ort kann dann der Inhalt der Beutelchen in abgekochtem Wasser aufgelöst werden. Die

Zufuhr von *Kohlenhydraten* (z.B. Zwieback, Schleim, trockenes Weißbrot) ist notwendig. Etwas Traubenzucker kann den Flüssigkeiten zugesetzt werden. Normaler Zukker muß bei Durchfall unbedingt gemieden werden, denn er fördert den Durchfall durch Gärung. *Selbstkontrollen von Blutzucker und Harnaceton* sind außerordentlich wichtig.

Überlebensregeln bei Durchfall:
– Urinaceton und Blutzucker testen,
– Insulin spritzen,
– viel trinken
– Traubenzucker;
– Arzt

– Die Medikamente aus der Reiseapotheke gegen den Durchfall können nach Vorschrift eingenommen werden.
– Sollte es zu großem Wasserverlust infolge heftigen Durchfalls oder gar zu Erbrechen kommen, ist eine Flüssigkeitszufuhr über die Blutgefäße (ein »Tropf«) unerläßlich. Auch bei Fieber, blutig schleimigem Stuhl und Neigung zu Kreislaufstörungen (Schwindelgefühl, »weich in den Knien«, »schwarz vor Augen« usw.) muß Kontakt zu einem Arzt aufgenommen werden. Es kann sich auch um eine Infektion mit gefährlichen Erregern handeln. Dann ist eine gezielte Behandlung mit speziellen Medikamenten unbedingt erforderlich und eine Krankenhausbehandlung meist nicht zu umgehen.

Bei Durchfall: Trinken, trinken! (vorsichtig, schluckweise)

• *Zeitverschiebungen* von ein bis zwei Stunden hat eigentlich jeder Diabetiker im Alltag gelegentlich zu bewältigen, so daß sie *spontan* vom geschulten Diabetiker beherrscht werden. Zeitverschiebungen bei Flugreisen von mehr als zwei Stunden bedürfen, einer guten Vorbereitung der Stoffwechselführung (gemeinsam mit dem Arzt). Ohne Plan und ohne Notizen bezüglich der Insulininjektionen geht es nicht. In den ersten 24 Stunden sollten Heimatzeit und Ortszeit parallel vermerkt werden. (Reserve-Kohlenhydrate dürfen im Handgepäck nicht vergessen werden.)

Mit Normalinsulin Problemphase überwinden

Flug nach West: Der Tag verlängert sich. Die Uhr wird vor Ort zurückgestellt. Zwischeninjektionen von 2 bis 6 E Normalinsulin (4 E wirken etwa 3 Stunden) schaffen den Anschluß an den Lebensrhythmus nach der Ortszeit (local time).

Extra-Mahlzeiten an Bord müssen auch extra mit Insulin abgedeckt werden.

Flug nach Ost: Der Tag verkürzt sich. Die Uhr wird vorgestellt. Es wäre zu beachten, daß es nicht zu einer Überlagerung von zwei Insulininjektionen kommt. Auch hier schaffen Injektionen von kleinen Insulindosen den Anschluß an den nächsten Tag (local time) am besten.

Auf Fernreisen immer Normalinsulin mitnehmen

Häufige Injektionen von Normalinsulin 6- bis 7mal in 24 Stunden (Abb. 18, S. 86) sind die *beste Methode, um in Sondersituationen bestehen zu können.*
Das gilt auf Reisen, bei Erkrankungen oder Zeitverschiebungen gleichermaßen.
Deshalb ist Normalinsulin immer mitzunehmen, auch wenn im Alltag nur Depotinsulin gespritzt wird.

Fremdes Insulin ist besser als kein Insulin

• Trotz aller Sorgfalt kann es passieren, daß im Ausland das Insulin abhanden kommt. Als erstes gilt es, Ruhe zu bewahren! Falls man in den nächsten 6 bis 8 Stunden (abhängig von der Art der Therapie) nicht an sein eigenes Insulin herankommt, gilt: Fremdes Insulin ist immer besser als kein Insulin! Zunächst wäre in der Reisegruppe, beim Reiseleiter, beim Flugpersonal das Problem anzubringen. Vielleicht befindet sich ein Diabetiker in der Reisegruppe. Dann wäre in Apotheken und Krankenhäusern nach Insulin zu fragen. Falls nicht das gewohnte Insulin vorhanden ist, muß man sehr sorgfältig auf die Übereinstimmung der Konzentration des fremden Insulins und der Spritzen achten. Besteht keine Übereinstimmung, muß in Ruhe umgerechnet werden (s. Tab. 10). Auch die Wirkungsdauer des fremden Insulins ist zu beachten. Reichliches Trinken wirkt bei schlechtem Stoffwechsel der lebensgefährlichen Austrocknung entgegen. Die Normalisierung des Stoffwechsels erfolgt wie beim Verdacht auf ein diabetisches Koma (siehe Seite 120ff.).

Spritzen, Kanülen, Blutentnahmegeräte niemals mit anderen gemeinsam nutzen

- *Im Urlaub Zurückhaltung mit Alkohol*

– Gewisse Unregelmäßigkeiten im Tagesablauf, vermehrte Muskelaktivität, verstärkte Insulinaufnahme aus der Haut in heißem Klima und andere Kost können die Tendenz zu schweren Hypoglycämien (Unterzuckerung) fördern, die durch Alkohol noch verstärkt wird.
– Alkohol fördert Erscheinungen der Reisekrankheit.
– Alkohol verleitet zu Leichtsinn.

Partner, Familie, Vererbung

Partner

Ein zuverlässiger Partner ist für den Diabetiker besonders wichtig

Eine feste Partnerschaft mit einem zuverlässigen Menschen bringt in das Leben des Diabetikers Stabilität, die für die Meisterung des Lebens und der Krankheit wesentlich sind. Das Streben nach einem Partner sollte deshalb nicht zu lange hinausgeschoben werden. Keinesfalls stellt der Diabetes einen Hinderungsgrund für eine Ehe dar.

Der Diabetes und seine Behandlungsmaßnahmen greifen in alle Lebensbereiche ein. Das betrifft Beruf, Freizeit und erst recht das Leben in der Familie und mit dem Partner. Dazu wäre grundsätzlich zu bemerken: Ein insulinabhängiger Diabetes ist heute noch nicht heilbar und wird es auch in absehbarer Zeit nicht sein. Das Schicksal ist unabänderlich ein Leben lang zu tragen. Wer mit einem an Diabetes erkrankten Menschen leben will, muß sich zu dieser Krankheit bekennen und sie mittragen helfen. Der Diabetiker ist deshalb seinem Partner von Anfang an Ehrlichkeit und Offenheit über die Erkrankung schuldig. Der Partner muß unbedingt wissen, wie wichtig die Qualität der Stoffwechselführung für die Leistungsfähigkeit, das Hinauszögern von Spätschäden und für die Lebenserwartung des Erkrankten ist. Bei einer echten Zuneigung wird ein Partner deshalb alle Bemühungen zur guten Stoffwechselführung aktiv unterstützen und gemeinsam Prinzipien der gesunden Lebensweise (gesunde Ernährung, Muskeltraining, Nichtrauchen, kein Alkoholmißbrauch) im Alltag durchsetzen. Das Verständnis des Partners für die Erkrankung darf jedoch nicht durch immer wiederkehrende Schilderung von Beschwerden oder Klagen über Blutzuckerschwankungen allzusehr strapaziert werden. *Das Leben mit dem Diabetes muß der Betroffene letztlich allein meistern.*

Ehrlichkeit und Offenheit über die Krankheit – Basis für eine Partnerschaft

Familie

In der Familie sollte der Diabetiker weder eine Sonderrolle einnehmen noch eine übertriebene Rücksichtnahme verlangen. Die nächsten Angehörigen müssen sowohl über die Gefahr einer Hypoglycämie Bescheid wissen als auch über die Gefahr einer schweren Stoffwechselentgleisung mit hohen Blutzuckerwerten und drohender Acetonvergiftung. Es ist außerordentlich wichtig für den Betroffenen, daß die Familie und Freunde diese Notsituation rechtzeitig erkennen und in der Lage sind, schnell wirksame Gegenmaßnahmen zu ergreifen. Diese Fürsorge sollte für alle in allen Situationen, ob im Urlaub, bei Feierlichkeiten und im Alltag, selbstverständlich sein. *Das notwendige Faktenwissen müßten sich die Angehörigen durch Schulung ebenso erarbeiten wie der Diabetiker selbst.* Ein Diabetes ist kein Hinderungsgrund für die Gründung einer Familie.

Auch Angehörige müssen gut über den Diabetes Bescheid wissen

Vererbung, Risiko für die Nachkommen

80% der **Typ I-Diabetiker** sind Einzelfälle in ihrer Familie, d.h., es ist kein weiterer Verwandter an einem Typ I erkrankt. Unter den 17 Millionen Kindern und Jugendlichen in Deutschland sind etwa 1200 Typ I-Diabetiker. In Ableitung aus der Tabelle 8 ergibt sich für Kinder und Jugendliche folgendes Risiko, an einem Diabetes zu erkranken:

Bei der Mehrheit der Erkrankten keine erbliche Belastung

1 von ca.	1500	in der Durchschnittsbevölkerung
1 von ca.	330,	wenn die Mutter an einem Typ I-Diabetes erkrankt ist.
1 von ca.	160,	wenn Vater oder die Geschwister an einem Typ I-Diabetes erkrankt sind.
1 von	4,	wenn beide Elternteile an einem Typ I-Diabetes erkrankt sind.

Die Gefahr ist bei Trägern von bestimmten erblichen Zellmerkmalen (HLA = Humane Leukozyten-Antigene) erhöht, so daß deren Untersuchung weitere Hinweise für das Erkrankungsrisiko geben können. Darüber hinaus ist es in Spezialeinrich-

Ein Diabetes wird nicht direkt vererbt

tungen möglich, durch Bestimmung von bestimmten Antikörpern (z.B. gegen Inselzellbestandteile) im Blut und durch Erfassung der Insulinsekretion unter Glucosebelastung das aktuelle Risiko für einen Ausbruch des Diabetes abzuschätzen. **Eine mögliche Verhinderung des Diabetes bei derart gefährdeten Personen ist noch Gegenstand wissenschaftlicher Untersuchungen.** Man weiß jedoch heute, daß bei einem sich entwickelnden Typ I-Diabetes das schnelle Fortschreiten der Erkrankung am besten und ungefährlichsten durch eine möglichst straffe Behandlung mit Insulin verzögert werden kann. Durch die Insulingabe werden die B-Zellen ruhiggestellt. Ruhende B-Zellen sind weniger anfällig gegenüber den Angriffen der Selbstzerstörung (s. Abb. 4b, S. 25).

Eine intensivierte Insulintherapie ist z.Z. noch die einzige Gegenmaßnahme

Das Risiko der Vererbung ist beim **Typ II-Diabetes** wesentlich höher. Hier führt die Anlage jedoch in der Regel erst im höheren Lebensalter zur Erkrankung. Die Risikofaktoren Übergewicht, Überernährung und mangelhafte Muskeltätigkeit spielen eine bedeutende Rolle.

Beim **MODY** (s. S. 26) ist damit zu rechnen, daß 50% der Nachkommen im Alter unter 25 Jahren ebenfalls an dieser milden Form des Diabetes erkranken. Ob die Erbanlage weitergegeben wurde, kann man bei allen Nachkommen von Geburt an durch hochspezialisierte Untersuchungen (Molekulargenetik) feststellen.

Wir wissen heute, daß einige Faktoren aus der Umwelt die Entwicklung eines Typ I-Diabetes beeinflussen können. Es wird vermutet, daß langes Stillen einen Schutzeffekt hat.

Tabelle 18: **Das Risiko der Vererbung des Diabetes**

Diabetes-Typ	Wenn die Mutter Diabetikerin ist	Wenn der Vater oder ein Geschwister an Diabetes erkrankt sind	Wenn Vater und Mutter Diabetiker sind	Wenn ein Geschwister mit identischen Zellmerkmalen (HLA DR_3+DR_4) Diabetiker ist	Wenn ein eineiiger Zwilling Diabetiker ist
Typ I	**3%**	**6%**	>30%	20%	40%
Typ II	40%		40–90%	⁒	90%

Vorkommen des Diabetes in der Gesamtbevölkerung

~ 0,08% Typ I-Diabetes

~ 3,0% für Typ II-Diabetes (Insulinbehandelte und Nichtinsulinbehandelte).
Auslösend wirken Übergewicht, Überernährung und mangelhafte Muskelaktivität.

Die Schwangerschaft

Diabetische Schwangerschaft

Diabetikerinnen können gesunde Kinder haben

Diabetikerinnen können heute ebenso von gesunden Kindern entbunden werden wie Nichtdiabetikerinnen, wenn die Stoffwechselführung sehr gut ist. Die Schwangerschaft selbst ist jedoch für die Diabetikerin eine größere Belastung als für eine gesunde Frau.

- *Eine Diabetikerin sollte sich relativ früh zu einer Schwangerschaft entschließen.* Je jünger die Frau und der Diabetes, um so besser sind die Aussichten für ein gesundes Kind und für einen unkomplizierten Verlauf der Schwangerschaft. Natürlich ist die notwendige menschliche Reife der jungen Frau eine wichtige Voraussetzung.

Wichtigste Forderung: normale Blutzucker

- *Normnahe Blutzuckerwerte* sollten möglichst schon bei der Empfängnis und erst recht *während der ganzen Schwangerschaft* vorliegen.

Die Zielwerte des Nüchternblutzuckers liegen zwischen 3,3 und 5,5 mmol/l (60–100 mg/100 ml). Die Blutzucker nach dem Essen sollten 6,6 mmol/l (120 mg/100 ml) nicht überschreiten, der HbA_{1c}-Wert muß im Normbereich, d.h. bei 6 Prozent, liegen.

Diese gute Blutzuckerlage wird in der Regel durch eine intensivierte Insulintherapie (siehe dort) mit mehrfachen Insulininjektionen am Tag oder durch eine Insulinpumpe erreicht.

Insulinbedarf

- *Der Insulinbedarf ändert sich im Verlauf der Schwangerschaft.* Während im ersten Drittel die Insulinempfindlichkeit erhöht ist und eine Neigung zu Hypoglycämien besteht, be-

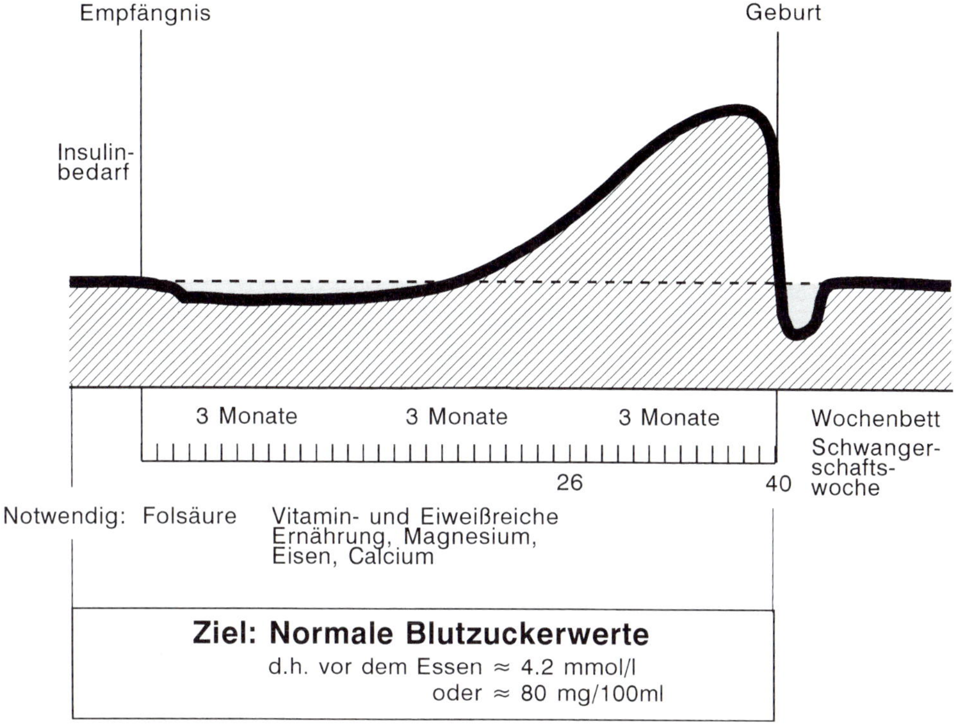

Abb. 24: Diabetische Schwangerschaft – möglicher Insulinbedarf
Insulinbedarf: Im ersten Drittel Hypoglycämieneigung, ab 26. Woche ansteigender Bedarf bis zur Geburt, dann Abfall auf Insulindosen wie vor der Schwangerschaft. (Der Bedarf an Insulin ist jedoch von Fall zu Fall unterschiedlich.)

ginnt am Ende des fünften Schwangerschaftsmonats bei etwa zwei Dritteln der diabetischen Schwangeren der Insulinbedarf zu steigen. Er kann sich bis zur Geburt kontinuierlich auf 150 bis 300 Prozent gegenüber dem Vorschwangerschaftsbedarf erhöhen. Kurz vor der Geburt sinkt er schnell ab. Kurze Zeit nach der Entbindung kann er vorübergehend das Vorschwangerschaftsniveau unterschreiten. Nach 2 bis 3 Wochen ist in der Regel das normale Gleichgewicht wieder erreicht (Abb. 24). Das ist jedoch von Frau zu Frau unterschiedlich. In der Schwangerschaft ist sehr oft eine starke Ausprägung des Dawnphäno-

Ohne eine intensivierte Insulintherapie geht es nicht

Dawnphänomen in der Schwangerschaft oft ausgeprägt

mens (Blutzuckeranstieg am frühen Morgen, s. S. 70) zu beobachten. Dem kann man am besten durch eine frühe Normalinsulindosis oder durch eine Basalratenerhöhung begegnen. Engmaschige Blutzuckerselbstkontrollen sind während der gesamten Schwangerschaft und im Wochenbett erforderlich. Während der Geburt ist der Blutzucker mindestens im Abstand von zwei Stunden zu bestimmen.

Schwangere Diabetikerinnen gehören in die Hände speziell erfahrener Ärzte

- *Eine diabetische Schwangerschaft sollte möglichst geplant werden:* denn die sehr gute Stoffwechselführung von Anfang an, die Sicherung fachkompetenter Betreuung, die Bestimmung eines günstigen Zeitpunkts bezüglich der Belastung der Schwangeren, bedürfen einer konsequenten Vorbereitung. Bei bereits bestehenden Komplikationen sollte z.B. auch der Augenarzt befragt werden. Liegt ein sogenannter unruhiger Augenhintergrund vor, ist abzuwarten und erst eine Stabilisierung durch eine sehr gute Stoffwechselführung und eine Augenbehandlung anzustreben. In einigen Fällen macht sich eine Behandlung von Infektionen (z.B. Harnwegsinfekten) notwendig.
- *Während der gesamten Schwangerschaft sind unbedingt regelmäßig Untersuchungen durchzuführen:* Stoffwechselkontrollen (Bestimmung von HbA_{1c} und Fructosamin), Blutdruckmessungen, Untersuchung der Augen und der Nierenfunktion (Eiweißausscheidung, Kreatinin), Urinsediment, Fahndung nach bestimmten Infektionskrankheiten (z.B. Hepatitis B = ansteckende Gelbsucht, Röteln), Ultraschall, Messung kindlicher Herzschläge und der Wehentätigkeit.
- Für einen optimalen Verlauf der Schwangerschaft und für die Entwicklung des Kindes sind ausreichend Eisen- und Folsäure (für die Blutbildung), Magnesium, Kalzium und eine eiweiß- und vitaminreiche gesunde Ernährung wichtig.

»Am Freitag, dem 3. 4. 1992, wurde um 14.45 Uhr unsere Tochter Luise Therese geboren. Sie wog 2980 g und war 51 cm lang. Wir sind voller Dankbarkeit.«

Aus dem Krankenblatt einer Mutter

1967 Im 2. Lebensjahr Feststellung des Diabetes, zeitlebens 2- bis 6mal täglich Insulin, HbA_1 sehr gut.
1989 Diabetische Veränderungen am Augenhintergrund
1990 Behandlung mit Insulinpumpe
1991 Augen wieder unauffällig. Studium der Pharmazie
1991 Hochzeit und Eröffnung einer Apotheke
1992 Luise ist da

Regelmäßige fachkompetente Kontrollen und Beratungen!

• *Die Führung der Schwangerschaft und die Entbindung* sollten dort erfolgen, wo Erfahrung mit diabetischen Schwangerschaften bestehen.

Engmaschige Blutzuckerkontrollen sind nach der Geburt (auch beim Kind) erforderlich. Das Neugeborene bedarf sofort einer kinderärztlichen Betreuung.

- *Eine diabetische Wöchnerin* kann wie eine Nichtdiabetikerin voll stillen (siehe auch S. 160).

Nachlässigkeit in der Stoffwechselführung gefährdet Mutter und Kind

- *Bei einer schlechten Stoffwechselführung während der Schwangerschaft bestehen für Mutter und Kind Gefahren.* Es kommt zu häufigeren Mißbildungen und Totgeburten oder zur Geburt von zu schweren Kindern (big baby), die vermehrt von Anpassungsstörungen nach der Geburt betroffen sind. Darüber hinaus kann die erhöhte Produktion von Fruchtwasser die Komplikationsrate für die Schwangerschaft und die Entbindung erhöhen.
- Schwangere neigen bei Insulinmangel zur verstärkten Bildung von Aceton (s. Diabetisches Koma). Der Blutzucker kann dabei relativ niedrig sein. Bei Schwangeren, die eine Insulinpumpe tragen, kann sich eine Acetonvergiftung gefährlich schnell entwickeln.

Wann sollte man von einer Schwangerschaft abraten?

Bei sehr fortgeschrittenen Spätkomplikationen an den Augen und Nieren besteht die Gefahr, daß sich diese Komplikationen während der Schwangerschaft noch verstärken und die Diabetikerin erheblich belastet wird. Auch das Kind ist einem höheren Risiko ausgesetzt. In diesem Fall sollten deshalb beide Partner den Kinderwunsch mit dem Arzt gemeinsam beraten.

Empfängnisverhütung

Ungewollte und ungeplante Schwangerschaften erhöhen die Gefahren für Mutter und Kind. Deshalb ist ein sicherer Empfängnisschutz nach erfülltem Kinderwunsch wichtig. Jede Diabetikerin muß bei der Wahl der Empfängnisverhütung individuell von einem diabeteserfahrenen Frauenarzt beraten werden. Wir unterscheiden folgende Methoden:

Achtung: Rauchen kann die Nebenwirkung der Pille gefährlich verstärken

- Antibabypillen beruhen auf einer Hormonwirkung. Sie sind relativ sicher (99%), können aber nicht ohne Einschränkung empfohlen werden, da Nebenwirkungen bei der Blutgerinnung und im Fett- und Kohlenhydratstoffwechsel vorkommen können. Zu bevorzugen sind Antibabypillen mit einem niedrigen Hormonanteil.

Sichere Verhütung einer Schwangerschaft mit dem Frauenarzt beraten

- Die Spirale (Intrauterinpessar) ist für Diabetikerinnen, die bereits geboren haben, geeignet. Selten werden beim Tragen einer Spirale Verletzungen und Entzündungen beobachtet. Lageveränderungen können zur ungewollten Schwangerschaft führen. Ärztliche Kontrollen sind deshalb in regelmäßigen Abständen notwendig.
- Die Sterilisation ist die sicherste Methode. Die Eileiter werden undurchgängig gemacht. Dieser Eingriff sollte gründlich überlegt sein. Er sollte nur dann durchgeführt werden, wenn eine Schwangerschaft die Gesundheit oder das Leben der Mutter ernsthaft gefährden könnte oder wenn weitere Kinder absolut nicht erwünscht sind.
- Kondome sind vom Partner zu henutzen. Diese Methode ist zu bevorzugen, wenn kein ständiger Empfängnisschutz benötigt wird, z.B. bei jugendlichen Diabetikerinnen.
- Basaltemperaturmessungen und andere herkömmliche Methoden (natürlicher Empfängnisschutz) sind wegen ihrer Unsicherheit nicht zu empfehlen.

Besonderheiten des Diabetes im Kindes- und Jugendalter

Je besser die Stoffwechselführung, um so größer sind die Chancen, die körperliche und geistige Entwicklung von diabetischen Kindern und Jugendlichen an die der nichterkrankten Altersgefährten anzugleichen. Das war mit den Methoden der Vergangenheit bisher nur in Ausnahmefällen möglich. Jetzt kann jedoch die moderne intensivierte Insulintherapie eine Grundlage für ein fast normales Leben mit dem Diabetes sein. Die in diesem Buch angeführten medizinischen Prinzipien der Diabetesbehandlung gelten unter Berücksichtigung altersspezifischer Gesichtspunkte (Ernährung, Bewegung usw.) auch für Kinder und Jugendliche. Sowohl Wachstumsschübe, der natürliche unregelmäßige Bewegungsdrang sowie die hormonellen und psychischen Vorgänge der Pubertät als auch Kinderkrankheiten komplizieren jedoch oft die Stoffwechselführung.

Keine Außenseiterrolle für junge Diabetiker

- Ein insulinspritzender Diabetiker in der Familie benötigt eine *besondere Fürsorge*, aber auch eine unkomplizierte normale Beziehung. Das gilt in besonderem Maße auch für das diabetische Kind.

Ein junger Diabetiker muß ein großes Maß an Tapferkeit für das tägliche Leben aufbringen.

Er ist als Persönlichkeit zu respektieren und nicht zu bevormunden. Für seine Persönlichkeitsentwicklung ist von Bedeutung, wie die Krankheitsbewältigung durch die Eltern erfolgt. Die Erziehung sollte niemals, weder in der Familie noch in der Schule, in der Sportgemeinschaft oder unter Freunden, von der bei gesunden Kindern und Jugendlichen abweichen. Am wichtigsten ist es, daß das Kind oder der Jugendliche nicht durch die Krankheit in eine Außenseiterposition gedrängt wird (Ausschluß von Sport und von Veranstaltungen, Ermahnungen vor anderen über Diabetesangelegenheiten, auffällige Überwachung durch Eltern).

Eine ständige und offensichtliche Überbehütung wegen des Diabetes kann psychische Schäden verursachen

Ein diabetisches Kind oder diabetischer Jugendlicher bedarf der besonderen, aber diskreten Fürsorge. Es darf nicht in eine Außenseiterposition gedrängt werden.

Dazu ist es notwendig, daß von vornherein auf eine *selbständige Stoffwechselführung* hingearbeitet wird. Das ist mit kind- oder jugendgemäßen Methoden vorzubereiten. Hierfür gibt es sehr gute Literatur und Schulungsprogramme. Ein echtes Vertrauensverhältnis zum erkrankten Kind oder Jugendlichen ist für den Arzt wie für Eltern gleichermaßen wichtig. Die Stoffwechselführung ist meist sehr kompliziert. Schwankungen des Blutzuckers sind kaum vermeidbar.

Schwankungen des Blutzuckers sind trotz großer Sorgfalt nicht immer zu vermeiden

Man sollte gemeinsam geduldig versuchen zu analysieren, warum es in bestimmten Situationen zu starken Blutzuckerabweichungen gekommen war. Insbesondere gilt es, aus Unterzuckerungen für das nächste Mal zu lernen.

Der erhobene Zeigefinger ist nicht nur sinnlos, er fördert ein unberechtigtes Schuldgefühl oder kann zu bewußten Stoffwechselmanipulationen verleiten. Schwere Störungen der Persönlichkeitsentwicklung sind nicht selten die Folge.

Überbehütete Kinder lernen es sehr schwer, die Krankheit anzunehmen (s. S. 174).

- Wie bei Erwachsenen besteht auch bei diabetischen Kindern das *Wesen einer guten Stoffwechselführung in der lückenlosen Insulingabe, in gesunder altersentsprechender Ernäh-*

Merkblatt für die Zusammenarbeit mit der Schule

1. ______________________________ ist Diabetiker (= zuckerkrank).
   Er/Sie muß zu bestimmten Tageszeiten
   - Insulin spritzen
   - essen und
   - den Blutzucker bestimmen.

	Insulin (E)	Essen	Blutzuckerkontrollen
____ Uhr	____________	____________	____________
____ Uhr	____________	____________	____________
____ Uhr	____________	____________	____________
____ Uhr	____________	____________	____________
____ Uhr	____________	____________	____________

   Dieses Regime sollte übergreifend über die Schulstunden eingehalten werden, so daß der Schüler u. U. auch einmal in einer Schulstunde essen oder spritzen muß.

2. Es kann zu **Unterzuckerungen** kommen (= Hypoglycämie). Dies zu starke Absinken des Blutzuckers kann durch fehlendes Essen oder *vermehrte körperliche Aktivität* (Spiel, Sport) verursacht sein. Die ersten Anzeichen können sein: Blässe, Zittern, Schweißausbruch, Heißhunger, Konzentrationsschwäche, Reizbarkeit, Clownerie, Müdigkeit, abartiges Verhalten, Aggressivität.

   Gegenmaßnahmen bei Unterzuckerung:

   Sofort!
   - Weißbrot, Zwieback, Keks, Bonbon
   - Traubenzuckertabletten oder als Hypogluc
   - Zucker, zuckerhaltige Süßigkeiten, Saft, Cola

   } in oder mit Flüssigkeit

   (Achtung! Die Diabetikernahrungsmittel [auch Cola light] helfen nicht, denn sie enthalten keinen Zucker.)
   Das Kind hat gelernt, daß es immer Zucker oder Traubenzucker mit sich führen muß.

Sollte es das einmal vergessen haben, kann jedes andere zuckerhaltige Nahrungsmittel helfen. So kann der Übergang in einen schweren Zuckermangelschock verhindert werden (siehe Punkt 3). Der Lehrer eines Diabetikers sollte für Zucker in greifbarer Nähe sorgen, insbesondere bei Klassenfahrten sowie bei Sport und Spiel.

> Auffällige diabetische Kinder (mit Kopfschmerzen, Müdigkeit usw.) dürfen nicht allein nach Hause geschickt werden.

3. Liegt ein *schwerer Zuckermangelschock mit Bewußtlosigkeit* oder Krämpfen vor, darf nichts eingeflößt werden (Erstickungsgefahr). Sofort einen Arzt (s. u.) informieren, evtl. Glucagon spritzen (vorherige Absprache und Einweisung sind erforderlich), Kind in stabile Seitenlage bringen und Gegenstände aus der Umgebung entfernen, damit es sich nicht im Krampf verletzt.

4. Bei sehr *intensivem lang andauerndem Sport und Spiel* muß in etwa stündlichen Abständen zusätzlich gegessen werden, am besten zuckerhaltige Süßigkeiten (Vorsorge bei Schulwanderungen).

5. Der Diabetes selbst dürfte den Schüler nicht in seiner *Leistungsfähigkeit in Sport und Lernfächern* einschränken (Voraussetzung ist eine gute Stoffwechselführung).

> Bei Über- oder Unterzuckerung kann es zu vorübergehender Beeinträchtigung der Leistungsfähigkeit kommen.

Schwimmen ohne Begleitung darf nicht erlaubt werden. Der Schüler sollte keinesfalls vom Schulsport ausgeschlossen werden. Häufigere Arztkontakte mit gelegentlichem Schulausfall sind notwendig.

6. Für **den Notfall:**

   Ärzte ______________________________ Tel. __________

   Eltern ______________________________ Tel. __________

rung und Muskelaktivität unter regelmäßiger Selbstkontrolle von Harn- und Blutzucker. Das Wesen der Behandlung besteht dagegen keinesfalls im Verbot von Zucker oder zuckerhaltigen Nahrungsmitteln. Den Effekt dieser Nahrungsmittel auf den Blutzucker sollten auch Kinder kennen. Aber bei sehr guter Stoffwechselführung werden geringe Zuckermengen (etwa 30 g am Tag) ohne Wirkung auf den Blutzucker verkraftet. Bei Ausdauerleistungen (längeres Fußballspiel, Radtour usw.) müssen sogar schnell aufschließbare Kohlenhydrate (Traubenzucker, zuckerhaltige Süßwaren, Schokolade) regelmäßig gegessen werden.

Ausreichende Zusatzkohlenhydrate sind bei Sport und Spiel notwendig

- Kinder und Jugendliche sollten *durch Selbstkontrollen Erfahrungen gewinnen*, wie am besten zu reagieren ist.

Das Stechen in die Fingerbeere für die Blutzuckerbestimmung ist jedoch schmerzhaft und kostet meist immer wieder Überwindung.

Manche schaffen es, das Blut aus dem Ohrläppchen zu gewinnen. Um die empfindlichen Finger zu entlasten, sollten die Familienmitglieder helfen, den Blutzucker aus dem Ohr zu bestimmen. Bei Laborkontrollen in medizinischen Einrichtungen sollte man sogar darauf bestehen.

Erzieher, Sporttrainer u. a. müssen über Notsituationen, wie Unterzuckerung und drohende Acetonvergiftung, Bescheid wissen

- *Außer der Familie müssen Lehrer, Trainer, Betreuer und Freunde über den Diabetes Bescheid wissen*, insbesondere über die Anzeichen und die Maßnahmen bei einer Unterzukkerung. Bei Feiern ist unauffällig dafür Sorge zu tragen, daß auch eine diabetesgerechte Kost angeboten wird und nicht nur Süßigkeiten auf dem Tisch stehen. Auch hier darf das diabetische Kind keinesfalls für alle sichtbar in eine Außenseiterposition gedrängt werden. Greift es einmal »daneben«, dann sollte man es nicht tadeln, insbesondere niemals vor den anderen Kindern. Bei einem Spiel mit intensiver Muskeltätigkeit wird der »Zusatzzucker« schnell verbrannt, bzw. es können sogar weitere schnell aufschließbare KHE notwendig werden. Das diabetische Kind oder der Jugendliche bedürfen der besonderen, aber unauffälligen Fürsorge.

Niemals darf der Diabetes Aufhänger von generellen Erziehungsmaßnahmen sein.

Es ist schon schwer genug, mit dem Diabetes fertig zu werden und zu wissen, daß sich das ein ganzes Leben lang nicht ändern wird.

Ferienlager für diabetische Kinder und Jugendliche schaffen Kontakte und oft positive Motivation

- Die *Teilnahme an einem Ferienlager* für diabetische Kinder oder Jugendliche ist empfehlenswert. Zu erleben, wie andere junge Diabetiker den Alltag meistern, ist für viele von außerordentlichem Gewinn.
- *Junge Mädchen* machen oft eine Phase mit Tendenz *zum Übergewicht* (Baby-Speck) durch. Aus Angst vor dem Dickwerden neigen sie dann dazu, den Stoffwechsel bewußt weniger straff zu führen. Sie müssen lernen, daß sie mit intensiver Insulintherapie auch bei gutem Stoffwechsel sehr schlank sein können. Das ist auch deshalb sehr wichtig, weil besonders die Qualität der Stoffwechselführung während der Pubertät die zukünftige Entwicklung der Spätkomplikationen beeinflußt. Insgesamt ist die Pubertät mit ihren psychischen Problemen eine schwierige Phase bei der Bewältigung und Führung des Diabetes.

Die Pubertät ist eine besonders schwierige Phase für die Erkrankten

- Bei sehr schwieriger Stoffwechselführung mit großen Blutzuckerschwankungen kann die Anwendung der Insulinpumpe ein großer Gewinn sein. Sie bringt bei richtiger Anwendung eine bessere Stoffwechselführung und eine höhere Lebensqualität.

(Ratschläge und spezielle Schulungsprogramme für Kinder und Jugendliche s. S. 192.)

Krankheitsbewältigung aus der Sicht einer Patientin

Lassen wir bei der Frage, wie ein Diabetiker mit seiner Erkrankung das Leben bewältigt, eine Betroffene selbst zu Wort kommen:

B. H., weiblich, 24 Jahre (1990)

Mein Diabetes wurde festgestellt, als ich acht Jahre alt war. Es folgten Krankenhausaufenthalt und »Kuraufenthalte« in Garz. Daß mich die Krankheit durch das ganze Leben begleiten würde, wurde mir zwar gesagt, aber das Bewußtwerden und Begreifen begannen erst sehr viel später. Trotz oft schlechter bis sehr schlechter Stoffwechsellage über Jahre hinweg hab' ich mich meist gut und leistungsstark gefühlt. Meine Eltern hielten stets beide Hände über mich. So wohltuend dies war, allen Schwierigkeiten auf diese Art und Weise aus dem Weg zu gehen, immer Schutz und Verständnis zu finden, aus dieser Isolation wieder herauszufinden, wurde für mich zu einem sehr großen Problem. Die stete schlechte Stoffwechsellage belastete mich immer mehr. Alle Bemühungen, den Stoffwechsel mit 3–4 Injektionen täglich in einer ausgeglichenen Lage zu halten, schlugen fehl. Die Einsicht, daß die psychische und stoffwechselmäßige Labilität nur unter häufigeren Injektionen langsam besser werden konnte, war schwer. Ich wolle nicht noch intensiver an Zeiten gebunden werden und habe mich demzufolge auch lange dagegen gewehrt. Erst als Leistungsfähigkeit und Wohlbefinden stark beeinträchtigt waren, konnte ich mich dazu überwinden. Eine sehr große Hilfe war mir dabei der manuelle Insulindosierer (Pen), den ich als Spritze verwendete, aber auch ständig mit Hilfe eines Katheters eng am Körper trug. Diese zweite Variante ermöglicht mir, ganz und gar unauffällig zu spritzen, so daß ich

»Meine Eltern hielten stets beide Hände über mich…«

»…. aus dieser Isolation herauszufinden, wurde für mich zum Problem«

Häufiges Spritzen wurde durch Pens erleichtert

von Zeit und Ort unabhängig wurde. Trotz häufiger Injektionen fühlte ich mich freier, leichter und nicht mehr so sehr als Außenseiter. Inzwischen trage ich eine Insulinpumpe. Jetzt bin ich wirklich fast zu 100 Prozent in der Lage, auch schwierige Situationen zu meistern und ohne große Einschränkungen mein Leben zu leben. Sicher muß ich hier und dort auch heute noch zurückstecken, ein Handicap ist und bleibt die Krankheit. Aber ich fühle mich wieder integriert, gebraucht und anerkannt. Situationen erkennen, bewerten und richtig handeln, das sind Dinge, die ich lernen mußte. Viele kleinere und auch größere Schwierigkeiten kann ich inzwischen bewältigen, ohne daß meine Umwelt davon erfährt oder ich mich als »krank« zu erkennen geben muß. Ich glaube, meinen Lebensstil gefunden zu haben.

Heute noch zurückstecken

B. H., inzwischen 29 Jahre (1995)

Mein Leben vor der Pumpe und mein jetziges Leben sind nicht miteinander zu vergleichen.

Allerdings sollte niemand, der mit dem Gedanken spielt, sich für eine Insulinpumpe zu entscheiden, denken, sie sei ein Allheilmittel. Wer das erhofft, wird sicher irgendwann bitter enttäuscht werden.

Auch mit Insulinpumpe bleibt es ein Diabetes

Es ist nicht nur so, daß die Krankheit bestehenbleibt, es ist auch so, daß ein labiler Diabetes wohl auch mit Pumpe schwer führbar bleibt.

Fakt ist auch, egal welche Therapie man für sich wählt, dazulernen muß man jeden Tag. Ob gesund oder krank, kein Tag ist wie der vorherige.

Ob gesund oder krank, kein Tag ist wie der andere

Nach sieben Jahren Insulinpumpentherapie ist nicht nur mein Kopf wesentlich freier, ist nicht nur mein Leben lebenswerter geworden, auch einige der damals schon vorhandenen Spätkomplikationen sind zum Stillstand gekommen oder sogar zurückgegangen.

Dabei sah es gerade in dieser Hinsicht zu Beginn der Therapie nicht sonderlich gut aus.

Man muß wissen, wie man sich selber helfen kann

Manchen Neueinsteiger mögen die Beispiele mit einer Ketoazidose, die ja bei Pumpenpatienten schneller auftreten kann, abschrecken. Aber jede(r) Pumpenträger(in) muß darüber Bescheid wissen. Früher oder später hat sicher jeder mal mit dieser Situation zu tun, und dann muß man ganz einfach wissen, wie man sich selber helfen kann. Genauso wichtig ist es auch, daß Partner(in) und Familie wissen, was sie tun müssen, wie sie helfen können. Noch ein Vorteil, früher mußte ich meinen Tag und mein Leben nach meinem Stoffwechsel führen, er hat mein Leben diktiert. *Heute führe ich mein Leben und passe meinen Stoffwechsel diesem an. Es gelingt mir nicht immer, aber immer öfter!*

Wer betreut den insulin-behandelten Diabetiker?

Spezialprobleme gehören in die Hand von Spezialisten

In der Hand des Hausarztes liegen die diagnostischen und behandelnden Maßnahmen aller Erkrankungen. Er macht – wenn notwendig – Hausbesuche. Diesem Arzt wird vom Versicherten vierteljährlich der Chip als Nachweis für seinen Versicherungsschutz vorgelegt. Er kann alles Notwendige für die Behandlung des Diabetes auf Rezept verordnen – z.B. Insulin, Pens, Teststreifen. Wenn es sich bei diesem niedergelassenen Hausarzt um einen Arzt handelt, der bereits mit Diabetikern größere Erfahrung hat oder der sich mit Sorgfalt auf den einzelnen Diabetiker einstellt, dann kann der Diabetiker mit seiner ganzen Person, d.h. auch mit dem Diabetes, in einer Hand bleiben. Mindestens ein- bis zweimal jährlich ist eine Überweisung zu einem speziell erfahrenen *Augenarzt* notwendig (s. Gesundheitspaß, Seite 189).

Bei besonderen Problemen Konsultation eines Diabetologen

Kontakt zu Selbsthilfegruppen bedeutet Hilfe und Information

Fachärzte mit besonderer Erfahrung auf dem Gebiet des insulinpflichtigen Diabetes sollten zumindest in regelmäßigen Abständen um Rat gefragt werden (oder sie sollten die Behandlung des Diabetes ganz übernehmen), bei labilen Typ I-Diabetikern, Schwangeren (inkl. Vorbereitung auf eine Schwangerschaft), Kindern und Jugendlichen, bei intensivierter Insulintherapie, Insulinpumpenträgern und Langzeitdiabetikern mit fortgeschrittenen diabetischen Komplikationen und komplizierten Fällen von insulinbehandeltem TypII-Diabetes. Sie bleiben mit allen anderen Problemen beim Hausarzt. Der Patient benötigt von ihm eine *Überweisung zur Konsultation oder zur Mitbehandlung.* Die Adressen von Diabetesspezialisten kann man beim Kontakt mit anderen Betroffenen erfahren. Schwerpunktpraxen für Diabetes gibt es in einigen Ländern.

Die Mitarbeiter erwerben ihre Fachkompetenz durch eine besondere Ausbildung. *Diabetologen der Deutschen Diabetes-Gesellschaft* oder *Diabetesberaterinnen* haben eine spezielle Qualifikation und Fortbildung absolviert. (DDB siehe siehe S. 190.)

Schulungen und Wiederholungsschulungen – ein Leben lang notwendig

Schulungskurse für insulinbehandelte Diabetiker werden sowohl ambulant als auch in stationären Einrichtungen oder während einer Rehabilitation (Kur) von Diabetesberaterinnen und Ärzten durchgeführt. Sie sind eine Voraussetzung für eine lebenslange gute Stoffwechselführung und sollten in regelmäßigen Abständen wahrgenommen werden.

In Fachkrankenhäusern für Diabetes oder in **Spezialabteilungen größerer Krankenhäuser** sind Patienten mit komplizierter Insulinbehandlung (z.B. Pumpenträger, Schwangere, Kinder, Jugendliche, Diabetiker mit Insulinresistenz oder mit Langzeitkomplikationen) meist besser aufgehoben.

Für die Krankenkassen: Höhere Fachkompetenz bei der Behandlung spart auf Dauer Kosten

Es gibt jedoch auch einzelne Regionalkrankenhäuser, deren Ärzte mit der Behandlung von Diabetikern besondere Erfahrungen haben. Eine längere Fahrt zu höherer Fachkompetenz ist in der Regel von Gewinn für die Gesundheit des einzelnen und für die Krankenkassen darüber hinaus kostengünstiger, weil das Auftreten von teuren Behandlungen schwerer Komplikationen hinausgezögert oder sogar verhindert wird. Die Aufnahme ist nur durch *Überweisung* möglich.

Für **Rehabilitationsmaßnahmen** »**Kuren**« (muß die Initiative in der Regel vom Betroffenen selbst ausgehen (*Antrag bei einer gesetzlichen Rentenversicherung, s. S. 184)*. Eine derartige Rehabilitationsmaßnahme dauert in der Regel 3 bis 6 Wochen. Neueinstellungen einer Insulintherapie können dagegen in kürzerer Zeit und deshalb kostengünstiger in Fachkrankenhäusern durchgeführt werden.

Eine **Anschlußheilbehandlung** in einer Kureinrichtung ist eine gesundheitliche Rehabilitationsmaßnahme, die sich unmittelbar an eine akute Krankenhausbehandlung anschließt. Die Initiative geht vom Krankenhaus aus (s. S. 183 und Tab. 20).

Der Diabetiker muß immer darauf bestehen, daß eine Behandlung dort durchgeführt wird, wo die nötige diabetologische Fachkompetenz gewährleistet ist.*

* Auskunft darüber können erteilen:
Deutscher Diabetiker-Bund
Örtliche Selbsthilfegruppen
Deutsche Diabetes Gesellschaft (s. S. 190).

Soziale Probleme

Berufsausbildung und Qualifikation als Grundlage für die Leistungsfähigkeit besonders wichtig

- Die soziale Stellung des einzelnen ist u.a. von seiner Leistung abhängig. Für den Diabetiker haben deshalb ordnungsgemäßer Berufsabschluß, Qualifizierung, Rehabilitation und – wenn notwendig – Umschulung eine besondere Bedeutung.
- Die insulinspritzenden Diabetiker sind jedoch im Alltag besonderen Belastungen, Behinderungen und Einschränkungen ausgesetzt. Die Gesellschaft gewährt ihnen wie anderen Behinderten dafür Hilfe und Schutz (»Gesetz zur Eingliederung Schwerbehinderter…« sowie Empfehlungen und Festlegungen auf Länderebene).
- Für die Inanspruchnahme von Hilfe und Unterstützung ist der Behinderte selbst verantwortlich. *Ohne Antrag läuft nichts.*

Schwerbehinderung, Gleichstellung

Ohne Eigeninitiative läuft nichts

Insulinbehandelte Diabetiker können als schwerbehindert gelten, wenn der **Grad der Behinderung** (**GdB**) mindestens 50 Prozent beträgt, bzw. als Gleichgestellte, wenn der GdB 30 bis 40 Prozent beträgt. Sie haben damit Anspruch auf einen Ausgleich behinderungsbedingter Nachteile.

Die Gesellschaft gewährt Hilfe und Schutz

Der **Grad der Behinderung** und gesundheitliche Merkmale werden durch das Versorgungsamt auf der Basis des Antrages und mit den vom Amt angeforderten ärztlichen Befunden nach folgenden Anhaltspunkten festgelegt:

- mit Insulin und Diät gut einstellbar, ohne Spätschäden — 30 Prozent GdB
- mit Insulin schwer einstellbar, starke Schwankungen — 40–60 Prozent GdB
- Organkomplikationen werden zusätzlich bewertet.

Gesundheitliche Merkmale, die Voraussetzung für die Inanspruchnahme von *besonderem Nachteilsausgleich* sind, werden im Behindertenausweis vermerkt.

G	erheblich gehbehindert
aG	außerordentlich gehbehindert
H	hilflos
B	ständige Begleitung notwendig
Bl	blind
RF	Befreiung von Rundfunkgebühren

Bei Annahme einer Fehleinstufung ist umgehend schriftlich beim Versorgungsamt Widerspruch einzulegen. Bei erneuter vermeintlicher Fehleinschätzung wäre zu klagen (s. Tab. 19). Der Behindertenstatus gilt rückwirkend. Zum **Ausgleich der behinderungsbedingten Nachteile** zählen u.a.:

Feststellung einer Schwerbehinderung – Hilfe und Unterstützung einerseits – Risiko fürs Berufsleben andererseits

- Ein *besonderer Schutz gegen Kündigung* (gilt erst nach 6monatiger Beschäftigungszeit), Kündigungen von Schwerbehinderten bedürfen der Zustimmung durch die Hauptfürsorgestelle.
- Bevorzugung von Schwerbehinderten an einigen Arbeitsplätzen oder Ausbildungsstellen ist in der Praxis leider kaum realisiert (z.B. Zensurenbonus bei bestimmten Studienfächern).
- Steuerfreibetrag je nach Grad der Behinderung.
- Schwerbehinderte – nicht dagegen Gleichgestellte – haben Anspruch auf einen *zusätzlichen Urlaub* von 5 Werktagen.

Die Anerkennung als Schwerbehinderter kann jedoch von Nachteil beim Bewerben um einen Arbeitsplatz sein. Denn trotz der Gesetzgebung, die Betrieben und Behörden mit mehr als 16 Beschäftigten vorschreibt, 6 Prozent der Arbeitsplätze mit Schwerbehinderten zu besetzen, liegt die Erwerbslosenquote der Behinderten über dem Durchschnitt. Behinderung ist nicht

Tabelle 19: **Behinderung und Behördenwege**[1]

Antrag auf	**Gleichstellung**	Arbeitsamt
	Behinderung	Versorgungsamt
	Neufeststellung des GdB (Höherstufung)	Versorgungsamt
	Steuerermäßigung	Finanzamt (Vorlage der Behindertenfeststellung oder Ausweis)
Vorgehensweise bei Unzufriedenheit über die Einstufung des GdB	**Schriftlicher Widerspruch**[2]	Versorgungsamt
	Klage	Sozialgericht
	Klage	Landessozialgericht
Bei	**Kündigung** des Arbeitsverhältnisses durch den Arbeitgeber	Hauptfürsorgestelle muß zugestimmt haben
Antrag auf	**Zuschuß** bei **beruflicher Qualifikation** von Behinderten	Hauptfürsorgestelle Arbeitsamt

[1] Von Anfang an mit den behandelnden Ärzten abstimmen, denn von ihnen werden durch die Ämter Stellungnahmen angefordert.
[2] innerhalb von 4 Wochen nach Feststellung des GdB.

Behinderte sind häufiger erwerbslos

mit Leistungsunfähigkeit bzw. Erwerbsminderung gleichzusetzen. Das wird oft verkannt. Arbeitgeber ziehen deshalb oft das Zahlen einer monatlichen Ausgleichsabgabe vor.

Behinderte mit einem anerkannten Behinderungsgrad unter 50 Prozent, aber wenigstens 30 Prozent, können aufgrund eines Antrags beim Arbeitsamt *Schwerbehinderten gleichgestellt* werden, wenn sie durch ihre Behinderung einen geeigneten Arbeitsplatz nicht behalten oder bekommen können. Solch eine Antragstellung zieht eine Rückfrage des Arbeitsamtes beim Arbeitgeber nach sich!

Diabetische Kinder und Jugendliche wollen oft nicht als behindert gelten

Diabetische Kinder und Jugendliche sind prinzipiell als schwer mit Insulin einstellbar anzusehen. Außerdem gelten sie als hilflos bis zum 16. Lebensjahr (in Ausnahmen bis zum 18. Lebensjahr), denn sie bedürfen wegen Hypoglycämiegefahr, Diät und Insulindosierung einer ständigen Aufsicht.

Ein Grad der Behinderung von mindestens 25% und der Status der Hilflosigkeit zusammen berechtigen zu einer Steuerermäßigung.

Beruf und Umschulung
(s. Kapitel »Beruf«, Seite 145).

Rehabilitation
Eine Rehabilitation umfaßt Maßnahmen zur beruflichen Wiederbefähigung, zur sozialen Wiedereingliederung und zur medizinischen Wiederherstellung. Träger der Rehabilitationsmaßnahmen sind in Tabelle 20 aufgeführt.

Berufsförderung
Kann der bisherige Beruf nach dem Beginn einer Insulintherapie wirklich nicht mehr ausgeübt werden (z.B. Dachdecker), so sollten alle Leistungen der in Tabelle 20 aufgeführten Träger genutzt werden, die Voraussetzungen für einen *»leidensgerechten« Arbeitsplatz* zu schaffen. Der Antrag auf Berufsförderung sollte unverzüglich bei der Krankenkasse gestellt werden. Für den Betroffenen hat der *Erhalt eines Arbeitsplatzes im alten Betrieb* Vorrang. Prinzipiell werden innerbetriebliche Umsetzungen, Umschulungen, Fortbildungen (u.U. mit höherer Qualifikation), Berufsfindung und Arbeitserprobung gefördert. Dazu gehören u.U. auch Zuschüsse für den Arbeitgeber, Reisekosten, Unterbringungskosten etc. *Berufsförderwerke* in allen Ländern bieten Umschulungen und Ausbildungen – mit der Möglichkeit eines staatlich anerkannten Abschlusses – an. Sie haben Übersicht über bundesweite Fortbildungsmöglichkeiten und können so sachgerechte Empfehlungen geben.

Rehabilitation hat Vorrang vor Rente

Medizinische Rehabilitation
- Eine *Anschlußheilbehandlung* wird sofort im Anschluß an eine Krankenhausbehandlung (z.B. nach Stoffwechseleinstel-

Tabelle 20: **Rehabilitation hat Vorrang vor Rente**

	Antragstellung (auf speziellen Formularen) **Wer?**	**Wo?**
Berufsförderung[1] Umschulung, Fortbildung, Zusatzausstattung von Auto und Arbeitsplatz Berufsfindung, Arbeitserprobung u. a. **Medizinische Rehabilitation** • Heilbehandlung (»Kur«, »Reha«)	Betroffener	Arbeitsamt Krankenkasse Berufsgenossenschaft Rentenversicherung
• Anschlußheilbehandlung (»AHB«) • Ambulante Rehabilitation	Krankenhausarzt + s. o. Betroffener	Rentenversicherung Krankenkasse für Rentner und Hausfrauen
Rente Berufsunfähigkeit Erwerbsunfähigkeit	Betroffener	Rentenversicherung

[1] Die gesetzliche Rentenversicherung erbringt vorrangig Leistungen, die vor vorzeitigem Ausscheiden aus dem Erwerbsleben bewahren oder der dauerhaften Wiedereingliederung dienen.

Rehabilitation für Diabetiker erfordert Fachkompetenz der Einrichtung

Herz-Kreislauf-Erkrankung, Operation, Infektionskrankheit usw.) durchgeführt. Sie wird durch das Krankenhaus eingeleitet, nachdem der Patient zugestimmt hat. In der Rehabilitationseinrichtung muß eine gute Diabetesbehandlung gewährleistet sein. Ansonsten muß der Patient gegenüber Kostenträger und dem Antragsteller auf einer Einweisung in eine spezielle Diabeteseinrichtung bestehen.

• Durch *Behandlungen in Fachkliniken* für Diabetes kann die Leistungsfähigkeit oft verbessert werden. *Behandlungen in Rehabilitationskliniken* dienen ebenfalls der Erhaltung der Erwerbstätigkeit (s. S. 178).

• Um die Arbeitsfähigkeit zu erhalten, ist es möglich, Schwerbehinderten, z. B. Lehrern, *befristet eine Stundenabminderung* zu bewilligen.

Berufs- und Erwerbsunfähigkeit (BU und EU)
Renten wegen Berufsunfähigkeit oder wegen dauernder Erwerbsunfähigkeit werden gewährt, wenn eine erhebliche Leistungsminderung durch ärztliche Begutachtung nachgewiesen wurde. Als »berufsunfähig« gilt der Versicherte, wenn er seine Erwerbsfähigkeit in seinem oder einem anderen zumutbaren Beruf im Vergleich zu Gesunden um mehr als die Hälfte gemindert ist. Rentenversicherung und zuständiges Arbeitsamt entscheiden im Einzelfall, ob das verbliebene Restleistungsvermögen des Versicherten in regional verfügbaren Teilzeitarbeitsplätzen gewinnbringend eingesetzt werden kann. Falls bereits in jüngeren Jahren eine BU oder EU vorliegt, wird die Rente so berechnet, als wäre bis zum 55. bzw. 60. Lebensjahr gearbeitet worden (Zurechnungszeit), sie soll bei Frühinvalidität eine gewisse lebensorientierte Rente sicherstellen.

Einstellung im öffentlichen Dienst (Richtlinie vom 31. 8. 82 AZ DII 210 107/5). Diabetiker können in den öffentlichen Dienst übernommen werden. Voraussetzung ist die Beherrschung und Dokumentation einer sehr guten Stoffwechselführung (die Entscheidung erfolgt nach Gutachten erfahrener Diabetesärzte bzw. Fachkliniken). In der o.a. Richtlinie wird das Fehlen diabetischer Komplikationen vorausgesetzt.

Bemühungen um gute Stoffwechselführung und regelmäßige Kontrollen müssen nachweisbar sein

Der Ausschuß »Soziales« der Deutschen Diabetes Gesellschaft hat bereits zahlreiche Empfehlungen und Regelungen im Interesse der Diabetiker erwirkt. Er wird sich weiterhin für die Interessen der Betroffenen einsetzen.

Wer kann in sozialen Fragen raten und helfen? Angestellte der o.a. Behörden, Behindertenzentrum, Diabetikerselbsthilfegruppen, Behindertenvertreter im Betrieb, Sozialberater im Krankenhaus, Merkblatt für Behinderte (erhältlich in der Verwaltung des Landkreises oder der Stadt); im »*Diabetes Journal*« und im Büchlein »Diabetes und Soziales« von Fink und Malcherczyk finden sich zahlreiche – stets aktuelle – Ratschläge.

Schwerbehindertenvertreter im Betrieb werden alle 4 Jahre durch die Behinderten gewählt (§ 24 [5] des Schwerbehindertengesetzes).

(Siehe auch: »Wie hole ich mir Rat?« S. 190.)

In Jahrzehnten erlangtes medizinisches Wissen, Schulung der Patienten und moderne Industrieprodukte ermöglichen heute eine gute Behandlung des Diabetes

Behandlung zuckerkranker Kinder
Von Dr. K. Stolte
Archiv für Kinderheilkunde. (1938) 114. Bd.

nie behandelt wurden, empfehlen, daß man ihnen 3mal am Tage 20 Minu
ten vor den Hauptmahlzeiten soviel Einheiten Insulin subkutan verab
folgt, als sie Lebensjahre zählen (dem 8jährigen 3mal 8, dem 12jährige
3mal 12 Einheiten usw.). „**Täglich untersucht man dann unmittelbar vo**
der Insulinspritze den Urin dieser Kinder mittels der Trommerschen
Probe. Fallt eine Probe dabei völlig negativ aus, d.h. bleibt der Urin nac
dem Kochen rein blau oder grünlich gefärbt, dann gehen wir um 2 Ein
heiten bei der nächsten Spritze herab. Kommt es nur zu einer schmutzig
grüngelblichen Verfärbung, so bleibt es bei der Insulingabe des vorher
gehenden Tages zur gleichen Zeit. Gibt es einen schönen gelben Nieder
schlag von Kupferoxydulhydrat, dann werden 2 Einheiten zugelegt. S
primitiv diese Methode ist, so hat sie sich doch in nunmehr bald 10 Jahre
selbst in der Hand von Laien vollkommen bewährt. Selbst wenn die erst
malige Insulindosis (entsprechend dem Lebensalter) weit von der wirk

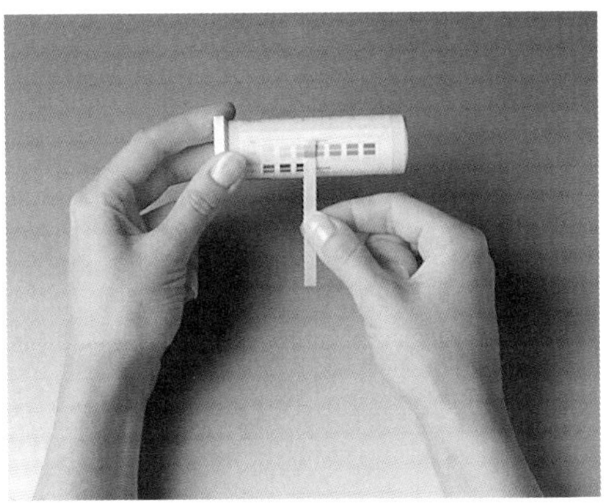

Das Konzept der aktuellen Insulinanpassung ist nicht neu, aber es ist erst heute machbar.

Kohlehydratzufuhr nicht mehr. Diese bequeme Vorstellung erbringt eine „freie Kostführung", bei der es manchen Kranken zunächst recht gut geht, besonders wenn sie vorher zu knapp an Kohlehydraten gehalten wurden. Verfechter dieser Haltung setzen sich großzügig darüber hinweg, daß gelegentlich sehr große Harnzuckerverl... auftreten, und der Blutzucker bedenklich hoch ist. Dies kön... wenn nicht die Dauerresultate dieser Kostfüh... eine Verwilderung ist, recht oft ... Diabetiker gelangen mi... nden „I... kos- ur... Stoff- w... rado- w... ndosis ü... deren ... ht.

... *herapie* ... oßartig ... en, zeit- ... kann mit ... cht ver- ... gesunden ... die wir ... en nach- ahmen, ... on Insulin stattfindet. Studien ... und Stoßsekretion von Insulin zusammen... er Lage zu treiben durch mehrjährige Arbeit mit dem ... n, langsam abgebenden Depotinsulin (KATSCH, SCHOLDERER und KLATT, Z. klin. Med. 1936). Die physiologischen Verhältnisse werden mit heutigen Mitteln am besten nachgeahmt, wenn man ein Insulindepot in nicht zu hoher Dosis setzt (Nachahmung der Dauersekretion) und außerdem zu den Hauptmahlzeiten mäßige Dosen wässerigen Insulins spritzt (Nachahmung der alimentären Stoßsekretion). Als praktisches und empfehlenswertes Verhalten kommt dieses Vorgehen

KLINISCHE WOCHENSCHRIFT

ORGAN DER GESELLSCHAFT DEUTSCHER NATURFORSCHER UND ÄRZTE
VERLAG VON JULIUS SPRINGER, BERLIN, UND J. F. BERGMANN, MÜNCHEN
JAHRG. 16 13. MÄRZ 1937 Nr. 11, S. 399/403

GARZER THESEN.

Zur Ernährungsführung der Zuckerkranken.

Von
Prof. Dr. G. KATSCH.
Aus der Medizinischen Klinik und Poliklinik Greifswald und dem Diabetikerheim Garz auf Rügen.

Das Konzept vom Ersatz der Basalinsulinsekretion ist nicht neu, aber es ist erst heute – am besten mit Insulinpumpe – zu verwirklichen.

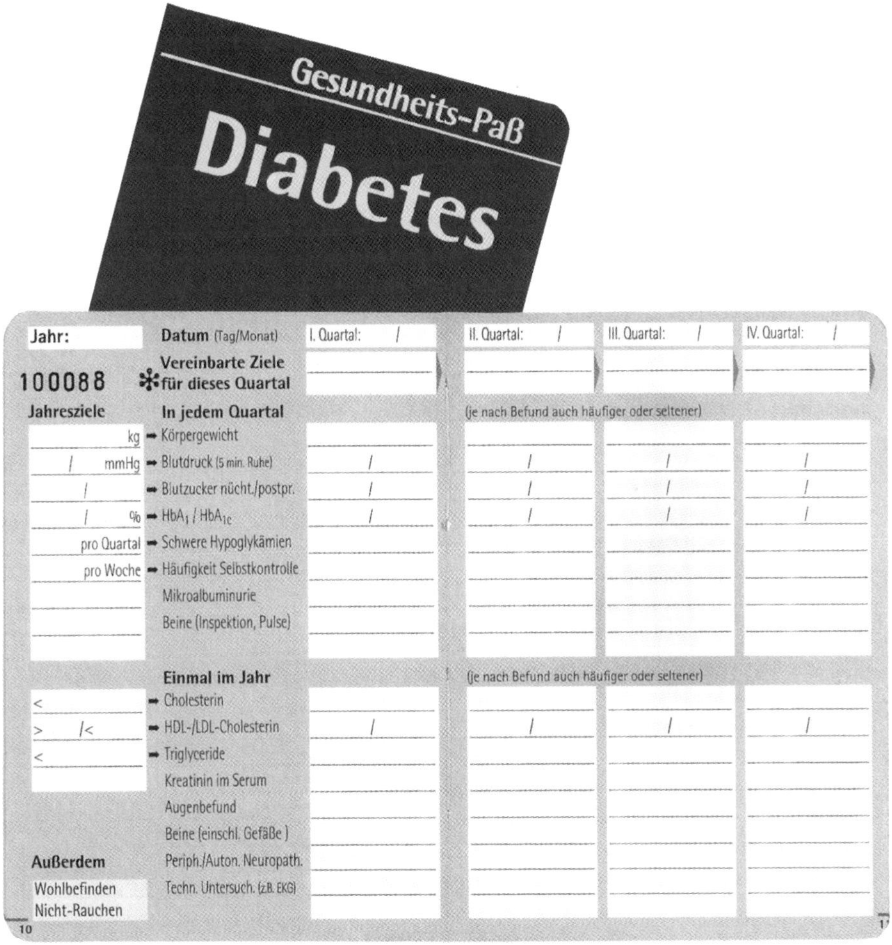

Gesundheits-Paß Diabetes
Leitfaden und Dokument für den Diabetiker und für den Doktor – ein Leben lang

Jeder ist für die Führung dieses Büchleins selbst verantwortlich.
(Hrsg. Deutsche Diabetes Gesellschaft)

Anhang

Wo hole ich mir Rat?

Diabetes Journal/Verlag
Kirchheim
Postfach 2404, 55120 Mainz

Insuliner/Insuliner Verlag
Am Heydwolf 16
35274 Kirchhain-Schönbach

Interessenverbände

Deutscher Diabetiker-Bund e.V.
Bundesgeschäftsstelle
Danziger Weg 1
58511 Lüdenscheid
Tel.: (0 23 51) 98 91 53

Landesverbände des Deutschen Diabetiker-Bundes

LV Baden-Württemberg e.V.
Hauptstraße 71
74889 Sinsheim
Tel.: (0 72 61) 1 27 62
Fax: (0 62 02) 1 33 82

LV Bayern e.V.
Liebherrstraße 5/IV
80538 München
Tel.: (0 89) 22 73 41
Fax: (0 89) 22 58 81

LV Berlin e.V.
Mittelstraße 2
13585 Berlin
Tel.: (0 30) 3 35 53 88

LV Brandenburg e.V.
Friedrich-Engels-Straße 35
14482 Potsdam
Tel.: (03 31) 71 50 79

LV Bremen e.V.
Gröpelinger Heerstraße 386b
28239 Bremen
Tel.: (04 21) 6 16 43 23
Fax: (04 21) 6 16 88 07

LV Hamburg e.V.
Von-Essen-Straße 85
22081 Hamburg
Tel.: (0 40) 29 78 94

LV Hessen e.V.
Apfelgäßchen 9
34613 Schwalmstadt-Treysa
Tel.: (0 66 91) 2 49 57

LV Mecklenburg-Vorpommern e.V.
Ahlbecker Straße 1/1201
18107 Rostock
Tel.: (03 81) 70 23 65

LV Niedersachsen e.V.
Carlos-Grethe-Weg 4
27476 Cuxhaven
Tel.: (0 47 21) 4 88 12

LV Nordrhein-Westfalen e.V.
Musfeldstraße 161-163
47053 Duisburg
Tel.: (02 03) 66 64 00

LV Rheinland-Pfalz e.V.
Heidelbergerfaßgasse 14
55116 Mainz
Tel.: (0 61 31) 23 79 19
Fax: (0 61 31) 23 79 11

LV Saarland e.V.
Hahnenstraße 24
66571 Eppelborn
Tel.: (0 68 81) 74 38

LV Sachsen e.V.
Fetscher Straße 11
01307 Dresden
Tel.: (03 51) 4 45 17 03

LV Sachsen-Anhalt e.V.
Altenburger Straße 21
06712 Zeitz
Tel.: (03 44) 74 14 26
Fax: (03 44) 74 14 32

LV Schleswig-Holstein e.V.
Landesgeschäftsstelle
Kronshagener Weg 130a
24109 Kiel
Tel. u. Fax: (04 31) 18 00 09

LV Thüringen e.V.
Max-Kolbe-Straße 47
99086 Erfurt
Tel.: (03 61) 7 31 48 19

Mitgliederorganisationen des Deutschen Diabetiker-Bundes

Arbeitskreis der Pankreatektomierten e.V.
Krefelder Straße 52
41539 Dormagen
Tel.: (0 21 33) 4 23 29

Bundesverband der Insulinpumpenträger e.V.
Reinekestraße 31
51145 Köln
Tel.: (0 22 03) 2 58 62

Berliner Fördergemeinschaft junger Diabetiker e.V.
General-Barby-Straße 71
13403 Berlin
Tel.: (0 30) 4 12 62 39

Förderkreis Eltern diabetischer Kinder und Jugendlicher e.V.
Ochsenberg 23
67659 Kaiserslautern
Tel.: (06 31) 4 24 22

Bund diabetischer Kinder und Jugendlicher e.V.
Hahnbrunner Straße 46
67659 Kaiserslautern
Tel.: (06 31) 7 64 88

INSULINER SELBSTHILFE-GRUPPE
Anneliese Kuhn-Prinz
Am Heydwolf 16
35274 Kirchhain-Schönbach
Tel.: (0 64 22) 67 99

Über Selbsthilfegruppen am Wohnort oder in der Nähe geben die Landesverbände gern Auskunft

Kohlenhydrat-Austauschtabelle

1 KHE oder 1 BE, d.h. 10 bis 12 g Kohlenhydrate, sind ungefähr in folgender Menge Nahrungsmittel enthalten (Deutsche Diabetes Gesellschaft, 1992):

Nahrungsmittel	**KHE/BE**
1. Getreide- und Stärkeerzeugnisse	(g)
Stärke aus Kartoffeln, Mais, Weizen,	
Puddingpulver	10
Sago	10
Gerstenkörner	15
Buchweizen	15
Cornflakes	15
Knäckebrot	15
Filinchen	15
Zwieback	15
Salzstangen	15
Mehl aus Gerste, Roggen, Hafer, Weizen , Reis*	15
Haferflocken/Körner*	15
Reis*	15
Grütze*	15
Grieß*	15
Mais*	15
Graupen*	15
Nudeln, Teigwaren*	15
Roggen, Weizen*	20
Müsli	20

* Gargewicht 45–60 g

Nahrungsmittel		**KHE/BE**
Weißbrot, Brötchen, Toastbrot		20
Weizenkeime		20
Vollkornzwieback		20
Pumpernickel		30
Mischbrot		25
Schrotbrot, Schrotbrötchen		25
Kakaopulver		25
Vollkornbrot Roggen		20
Sojamehl		40
2. Kartoffeln		
Kartoffelpulver (Püree, Puffer)		15
Kartoffeln, roh und gekocht		65
Pommes frites, Kroketten	verzehrfertig	40
Knödel		45
Chips		25
Kartoffelpüree	verzehrfertig	75
3. Milch und Milchprodukte		
Trockenmilchpulver		20–25
Kondensmilch 4% ungesüßt		100
Trinkmilch, Joghurt, Kefir		200
Buttermilch		250
4. Obst		
1 KHE in > 200g Obst		
Papaya (ohne Schale)		420
Rhabarber		250
Stachelbeeren (unreif)		500
Wassermelonen (mit Schale)		200
1 KHE in 100–200g Obst		
Apfelsine (mit Schale)		150

Nahrungsmittel	**KHE/BE**
Apfelsine (ohne Schale)	100
Aprikose (mit Stein)	110
Aprikose (ohne Stein)	100
Birne (mit Schale)	110
Birne (ohne Schale)	100
Brombeeren	120
Erdbeeren	160
Grapefruit (mit Schale)	170
Guave	150
Himbeeren	175
Holunderbeeren	135
Johannisbeeren (rot)	125
Johannisbeeren (weiß)	110
Johannisbeeren (schwarz)	95
Kiwi (mit Schale)	110
Kiwi (ohne Schale)	95
Mandarinen (mit Schale)	140
Pfirsich (mit Stein)	125
Pfirsich (ohne Stein)	115
Preiselbeeren	185
Quitte	120
Wassermelonen (ohne Schale)	130
1 KHE in > 100g Obst	
Ananas	75
Apfel (mit Schale)	95
Apfel (ohne Schale)	85
Banane (mit Schale)	80
Banane (ohne Schale)	55
Blaubeeren	50
Kirschen (sauer, mit Stein)	105
Kirschen (sauer, ohne Stein)	95
Kirschen (süß, mit Stein)	90

Nahrungsmittel	**KHE/BE**
Kirschen (süß, ohne Stein)	80
Mirabellen (mit Stein)	70
Mirabellen (ohne Stein)	65
Nektarine (mit Stein)	90
Nektarine (ohne Stein)	80
Pflaumen (mit Stein)	90
Pflaumen (ohne Stein)	85
Stachelbeeren	95
Weintrauben	60

5. Obstsäfte, Gemüsesäfte, naturrein, ungesüßt

Sauerkirschsaft	70
Heidelbeersaft	80
Johannisbeersaft	80
Apfelsaft	90
Apfelsinensaft	90
Zitronensaft	100
Holundersaft	100
Himbeersaft	100
Brombeersaft	100
Erdbeersaft	100
Rote-Rüben-Saft	100
Pampelmusensaft	150
Karottensaft	150
Tomatensaft	250
Kokosnußmilch	250

6. Hülsenfrüchte[1]

Bohnen	45
Erbsen	45
Linsen	45

[1] Diese Nahrungsmittel werden so langsam im Blut wirksam, daß sie nicht als KHE angerechnet werden müssen.

Nahrungsmittel	**KHE/BE**
7. Gemüse	
Schwarzwurzeln[1]	60
Erbsen, grün	80
Artischocken (gekocht)	90
Mais, Gemüsemais	70

8. Folgende Gemüse können bis zu 200 g pro Tag unberechnet gegessen werden:

Zwiebeln	100
Mohrrüben, Karotten	120
Kohlrüben	150
Lauch, Porree	150
Rote Rüben	150
Sellerie	150
Rosenkohl	150

Alle anderen Gemüse können unberechnet gegessen werden.

[1] müssen wegen ihrer langsamen Aufspaltung nicht berechnet werden.

Kohlenhydrattag

Kohlenhydrattag bei übergewichtigen insulinbehandelten Diabetikern (vorwiegend Typ II-Diabetes) 2- bis 5mal im Monat nach Beratung mit dem behandelnden Arzt.

Wann?

Bei ständig leicht erhöhter Blutzuckerlage, bei Übergewicht, bei »hochgeschraubter« Insulindosis, Erkältung, fieberhafter Erkrankung.

Ziel:

Senkung der Blutglucose, der Blutfette, des Insulinbedarfs, Entschlackung.

Wie?

- Einen ganzen Tag nur Kohlenhydrate essen (Gesamt-KHE können bleiben), ohne Fett, Fleisch, Wurst, Käse oder Milch,
- Insolindosis um 25 bis 50% senken; wenn der Blutzucker ständig erhöht ist, sollte die Dosis nicht reduziert werden,
- keine Tabletten gegen Zuckerkrankheit an diesem Tag nehmen,
- reichlich trinken (2 Liter und mehr).

Welche Kohlenhydrate?

Wahl nach Wunsch und Bekömmlichkeit! Z.B. Obst, Reis, Gemüse, Brot, Zwieback, Müsli, Haferflocken usw.

Achtung! Bei Tablettenbehandlung wegen Herz-Kreislauf-Erkrankungen und Gelenkbeschwerden unbedingt mit dem Arzt vorher Medikamenteneinnahme besprechen. Wenn möglich, Tablette reduzieren, Einnahme nach den Mahlzeiten. Magenreizung durch kohlensäurehaltige Getränke, Kaffee und Obstsäuren meiden.

Sachwortverzeichnis

Dr. med. Hans-Werner Tüttenberg

Neurodermitis

160 Seiten, 12 Abbildungen, gebunden
ISBN 3-333-01005-4

Sachlich und verständlich werden Ursachen, Verlauf und alle derzeit bekannten Behandlungsmöglichkeiten der Neurodermitis vorgestellt. Bewährte schulmedizinische und ergänzende alternative Methoden werden kritisch unter die Lupe genommen, die Vor- und Nachteile übersichtlich aufgezeigt.
Ausgerüstet mit diesem Wissen können Betroffene als mündige Partner des Arztes aktiv in die Behandlung dieser langwierigen Krankheit einbezogen werden.

Inhaltliche Schwerpunkte und Vorzüge:

- Patientengerechte Darstellung aller bekannten Behandlungsmöglichkeiten
- Pflege der Haut und viele praktische Ratschläge zum Leben mit Neurodermitis
- Einfluß von Ernährung, Umwelt und seelischen Faktoren auf die Neurodermitis

Medicus